Feuchtigkeit und Schimmelbildung

Unser Service für Sie

Wenn neue Gesetze und Verordnungen in Kraft treten oder sich zum Beispiel Förderbedingungen oder Leistungen ändern, finden Sie die wichtigsten Fakten in unserem Aktualisierungsservice zusammengefasst.
Mit dem Klick auf www.ratgeber-verbraucherzentrale.de/aktuell sind Sie dann ergänzend zu dieser Auflage des Buches auf dem neuesten Stand. Diesen Service bieten wir so lange, bis eine Neuauflage des Ratgebers erscheint, in der die Aktualisierungen bereits eingearbeitet sind. Wir empfehlen, Entscheidungen stets auf Grundlage aktueller Auflagen zu treffen.
Die lieferbaren aktuellen Titel finden Sie in unserem Shop:
www.ratgeber-verbraucherzentrale.de

→ **ANMERKUNG DER REDAKTION** Wir haben uns bemüht, die Texte im Buch gendergerecht zu formulieren. Eine Ausnahme gibt es im Kapitel „Feuchtigkeit und Schimmel aus rechtlicher Sicht": Der Begriff „Unternehmer" ist gesetzlich definiert (§ 14 BGB). Da eine Änderung dieses Begriffes die Rechtsbedeutung abwandeln würde, haben wir die maskuline Form beibehalten.Die Lesbarkeit der Texte bestmöglich zu erhalten, war uns wichtiger als Einheitlichkeit. Daher finden Sie unterschiedliche textliche Lösungen.

Feuchtigkeit und Schimmelbildung

Erkennen, beseitigen, vorbeugen

SANDRA DONADIO, THOMAS GABRIO, ROBERT KUSSAUER,
PATRICK LERCH, GERHARD A. WIESMÜLLER

verbraucherzentrale

25 Voraussetzungen für das Wachstum von Schimmelpilzen

61 Typische Ursachen für einen Feuchte-/Schimmelschaden

Inhalt

Schimmel in meiner Wohnung – warum gerade bei mir?

Feuchte-/Schimmelschäden werden nach Einschätzungen von Verbraucherzentralen, Gesundheitsämtern und Sachverständigen gegenwärtig von der Bevölkerung in Deutschland als das relevanteste Schadstoffproblem im Innenraum angesehen. Dafür gibt es objektive und subjektive Gründe, zum Beispiel:

- → Neubauten sind heute bauphysikalisch und -technisch sehr komplex. Schon geringe Fehler, die sich bei einer immer schneller werdenden Bauweise und immer größerem Preisdruck während der Bauphase einschleichen, können zu Feuchteschäden führen.
- → Probleme treten aber auch bei der Sanierung von Altbauten auf. Wird durch den Umbau das bauphysikalische Gleichgewicht zerstört, kommt es schnell zu einem Schimmelschaden. Ein typisches Beispiel ist der Einbau neuer Fenster ohne zusätzliche Dämmung der Wände.
- → Aufgrund der Verteuerung von Energie werden Gebäude oder Wohnungen nicht mehr ausreichend beheizt und belüftet.
- → Umweltrisiken werden gegenwärtig von der Bevölkerung in Deutschland als besonders relevant empfunden. Wobei es zwischen dem empfundenen Risiko und dem tatsächlich vorliegenden Risiko häufig große Diskrepanzen gibt. Das tatsächlich vorliegende Risiko kennt man und kann es einordnen. Das empfundene Risiko ist hauptsächlich von subjektiven Faktoren abhängig und mit objektiven Aussagen oft nur schwer zu versachlichen.

Schimmelpilze stellen eine Art Indikator für einen mikrobiologischen Feuchteschaden dar. Der Ratgeber soll Ihnen helfen, sich sachgerecht zu verhalten, wenn in Ihrer Wohnung ein Feuchte-/Schimmelschaden auftritt oder zu vermuten ist. Dabei richtet er sich sowohl an Mieter, Eigentümer oder sonstige Betroffene. Für Laien sind die Probleme, die im Zusammenhang mit solchen Schäden auftreten, oft nur schwer zu überblicken. Laien sind in solchen Fällen häufig auf das Fachwissen von Expertinnen und Experten wie Ärzten, Bautrocknungsfirmen,

Bausachverständigen, Juristinnen, Mykologinnen, Sanierern oder Schimmelpilzsachverständigen angewiesen. Die Autorinnen und Autoren beschreiben den gegenwärtigen Stand des Wissens und orientieren sich dabei an anerkannten Leitfäden und Handlungsempfehlungen wie zum Beispiel des Umweltbundesamtes. Zusätzlich bringt jede und jeder seine eigene Kompetenz ein:

Dr. rer. nat. Thomas Gabrio als ehemaliger Mitarbeiter des Landesgesundheitsamtes Baden-Württemberg, Robert Kussauer als Bausachverständiger, Prof. Dr. med. Gerhard A. Wiesmüller als Facharzt für Hygiene und Umweltmedizin sowie Patrick Lerch und Sandra Donadio als Rechtsanwälte. Sie haben sich bemüht, komplexe Sachverhalte möglichst einfach darzustellen und Ihnen einen guten Überblick über das komplexe Thema Schimmel zu geben. Diese Informationen ersetzen keine individuelle Beratung. Sie sollen Ihnen aber helfen, an der fachlichen Auseinandersetzung teilzuhaben und kluge, das heißt kritische Fragen zu stellen. In dem Ratgeber finden Sie auch Checklisten mit Tipps, mit deren Hilfe Sie fachlich kompetente Experten erkennen können, wenn Sie auf deren Fachwissen angewiesen sind.

Schimmel in Wohnräumen ist ärgerlich. Er kann eine aufwendige Sanierung sowie einen aufreibenden Rechtsstreit nach sich ziehen und ein gesundheitliches Risiko darstellen. Trotzdem ist Schimmel kein Grund zur Panik: Es gibt immer eine Lösung. Die wichtigsten Fragen und Antworten rund um das Thema "Feuchtigkeit und Schimmel" finden Sie gleich im Anschluss, detaillierte Informationen bieten die folgenden neun Kapitel.

GUT ZU WISSEN

Bei Feuchteschäden siedeln sich oft neben Schimmelpilzen auch Bakterien und Kleinlebewesen wie Milben an. Auch unterschiedliche Stoffwechselprodukte und Zellbestandteile dieser Organismen können häufig nachgewiesen werden. Wovon eine gesundheitliche Wirkung ausgehen kann, ist im Einzelfall nicht klar. Auch können die Komponenten nicht routinemäßig nachgewiesen werden. Deshalb wird im Buch die Gesamtheit aller bei einem Feuchte-/Schimmelschaden möglicherweise auftretenden Komponenten als „Schimmel“ oder „Schimmelbefall“ bezeichnet. Geht es im Text nur um Schimmelpilze, zum Beispiel bei der Beschreibung einzelner Untersuchungsmethoden, Bewertungskriterien oder Wachstumsbedingungen, wird der Begriff „Schimmelpilze“ verwendet.

Aus unserer Beratungspraxis

Die wichtigsten Fragen und Antworten

→ Sie haben Schimmel in der Wohnung entdeckt und fragen sich, was zu tun ist? Irgendwo dringt Feuchtigkeit ins Haus ein, und Sie haben es erst jetzt bemerkt?

Im folgenden Kapitel erfahren Sie kurz und knapp, wie Sie in solchen Fällen am besten vorgehen und wer Ihnen weiterhilft. Detaillierte Informationen zu den einzelnen Themen stehen dann weiter hinten im Buch.

Die zehn Fragen, die Sie in diesem Kapitel finden, werden am häufigsten in der Beratung der Verbraucherzentralen zu diesem Thema gestellt. Deshalb haben wir hier die Antworten unserer Expertinnen und Experten in prägnanter Form vorweggestellt.

Bei Fragen zu Feuchte- und Schimmelschäden bieten die Verbraucherzentralen bundesweit verschiedene Beratungen an. Wenden Sie sich am besten an Ihre nächstgelegene Beratungsstelle:

www.verbraucherzentrale.de/beratung

Woran erkenne ich, dass in meiner Wohnung ein Schimmelbefall vorliegt?

Dafür gibt es verschiedene Indizien. Sie können einzeln oder zusammen auftreten. Typische Zeichen für Schimmel in der Wohnung sind:

→ modrig-muffiger Geruch;
→ Feuchteflecken an der Wand oder an Einrichtungsgegenständen;
→ Verfärbungen, die je nach vorliegender Schimmelart und Material weiß, rot, gelb, grün, braun oder schwarz aussehen können (Schimmelpilze kommen in nahezu allen Farben vor. Sie tauchen an der Wand häufig in Ecken und Kanten auf sowie an typisch gefährdeten Bauteilen, zum Beispiel am Fenstersturz, hinter Möbeln und besonders hinter Einbaumöbeln.);
→ Auftauchen von Silberfischen, Asseln oder Staubläusen;
→ Salzausblühungen.

Was Sie tun sollten, wenn Sie auf solche Anzeichen stoßen, lesen Sie unter Frage 3 und Frage 8. Zusätzliche Informationen zur Beurteilung eines Schimmelbefalls stehen auf den → Seiten 49 ff.

Werde ich durch Schimmel krank?

Normalerweise nicht. Das Immunsystem schützt gesunde Menschen in der Regel davor, durch die Aufnahme von Schimmelpilzen über die Luft oder über Nahrung krank zu werden. Das gilt auch für Säuglinge und Kleinkinder. Für Menschen mit einer schweren Grunderkrankung (→ Seite 34) kann Schimmel jedoch gefährlich sein. Außerdem kann Schimmel nicht nur infektiös wirken, sondern Allergien hervorrufen, giftig sein und zu Befindlichkeitsstörungen führen. Diese Wirkungen sind je nach individuellem Gesundheitszustand und je nach Schimmelpilzart unterschiedlich – und außerdem nicht sicher nachweisbar. Neben Schimmelpilzen können auch Milben und Bakterien, die sich bei einem Schimmelschaden ansiedeln, sowie Zellbestandteile und Stoffwechselprodukte von Schimmelpilzen und Bakterien auf die Gesundheit wirken. Daher sollte Schimmel immer beseitigt oder besser noch: ganz verhindert werden (→ Seite 13). Mehr Informationen bekommen Sie im Kapitel „So wirkt sich Schimmel auf die Gesundheit aus“ → Seite 33 ff.

Was soll ich tun, wenn ich einen Feuchte-/Schimmelschaden bemerke?

Erst einmal gilt: Ruhe bewahren und nachdenken. Denn es ist wichtig, überlegt zu handeln. Bei einer Havarie, etwa einem Wasserrohrbruch, sollte unverzüglich das defekte Leitungssystem abgestellt werden (Haupthahn schließen), um weiteres Eindringen von Wasser in die Wohnung zu verhindern. Reduzieren Sie die Feuchte durch vermehrtes Lüften.

Sobald Sie den Schaden entdecken, müssen Sie ihn melden. Wie Sie dabei am besten vorgehen, erfahren Sie auf → Seite 129. Dokumentieren Sie den Schaden – mithilfe von Fotos und Gedächtnisprotokollen, im Bedarfsfall auch durch eine fachkundige Hilfe.

Wenn der Schimmelschaden kleiner als 0,5 m² ist und Sie dessen Ursache kennen und diese beheben können, außerdem der Schaden nur oberflächlich ist und Sie sich sicher sind, dass Sie nicht zu einer der Risikogruppen gehören, die gegenüber eine Schimmelpilzexposition besonders zu schützen sind (→ Seite 36), können Sie selbst aktiv werden (→ Seite 11). Alle Schäden, die größer sind als 0,5 m², sollten von einer Fachfirma saniert werden (→ Seite 143).

Was sollte ich nicht tun, wenn ich einen Feuchte-/Schimmelschaden bemerke?

Für gesunde Menschen besteht keine akute Gefahr. Sie müssen und sollten daher auch nicht sofort mit der Sanierung beginnen. Beheben Sie den Schaden nur dann selbst, wenn Sie die Ursache für seine Entstehung kennen und sie beseitigen können und die Ausdehnung kleiner als 0,5 m² ist.

Sprühen Sie nicht irgendein Desinfektionsmittel aus dem Baumarkt auf den Schimmelschaden. Damit werden Sie den Schimmel nicht los, wenn Sie nicht auch die Ursache für den Schimmel beheben. Außerdem bleibt die mögliche toxische und allergene Wirkung auch erhalten, wenn die Schimmelpilze abgestorben sind.

Zudem sollten Sie die betroffenen Stellen nicht putzen, schrubben oder übermalen. Damit Fachleute die Ursache des Schadens und seine Ausdehnung möglichst schnell klären können, ist es wichtig, dass der Schaden im Originalzustand erkennbar ist und gegebenenfalls dokumentiert wird.

Welche Schäden kann ich selbst sanieren?

Einen oberflächlichen Feuchte-/Schimmelschaden, der kleiner als 0,5 m² und dessen Ursache bekannt ist, können Sie selbst sanieren, falls Sie nicht zur Risikogruppe gehören, die gegenüber einer Schimmelpilzexposition zu schützen ist (→ Seite 36), können Sie selbst sanieren. Tragen Sie dabei Schutzhandschuhe, Atemmaske und Schutzbrille. Mit Schimmel befallene Flächen dürfen nie trocken abgewischt werden. Entweder Sie reinigen die Stellen feucht oder Sie nutzen einen Staubsauger mit Hepa-Filter. Glatte Flächen (zum Beispiel Fliesen) können Sie mit Wasser und gegebenenfalls Spülmittel abwaschen. Kleinere poröse, offenporige Flächen (zum Beispiel unbeschichtete Holzoberflächen) können mit 70- bis 80-prozentigem Alkohol oder Wasserstoffperoxid abgerieben werden. Entsorgen Sie die Putzlappen im Hausmüll. Entfernte Materialien wie Tapeten verpacken Sie am besten in reißfesten Müllbeuteln, die Sie verschließen, ohne die Luft herauszudrücken. Weitere Tipps zur Sanierung eines kleinen Schimmelschadens stehen im Abschnitt „Hand anlegen: Das können Sie selbst tun" (→ Seite 135 ff.). Wenn der Schaden größer als 0,5 m² und/oder Sie die Ursache für den Schimmel nicht beheben können, muss eine Fachfirma ran („Hier müssen Fachleute ran" → Seite 143 ff.).

Wer ist schuld?

Aus rechtlicher Sicht spielt diese Frage zwar eine wichtige Rolle. Sie ist aber alles andere als einfach zu beantworten. Deshalb sollten Sie sich bei einem Feuchte-/Schimmelschaden nicht als Erstes mit der Schuldfrage beschäftigen. Anderes ist vordringlicher (→ Seite 10).

Erst danach stellt sich die Frage nach der Schuld. Hier muss jedes Rechtsgebiet gesondert betrachtet werden. Denn nicht immer braucht es einen Schuldigen, damit Geld fließt. Relevant sind das Wohnraummietrecht, das Werkvertragsrecht, das Haftpflichtrecht und das Sachversicherungsrecht. Für Laien sind diese Unterschiede kaum zu überblicken. Deshalb lohnt es in aller Regel, sich frühzeitig rechtlich beraten zu lassen. Alle wichtigen Informationen zum Thema Recht stehen auf den → Seiten 153 ff.

Woher bekomme ich kompetente Auskünfte, wenn ich mich wegen eines Feuchte-/ Schimmelschadens informieren möchte?

Eine Internetrecherche hilft nur bedingt weiter. Angesichts der Fülle an Informationen ist für Laien kaum zu beurteilen, welche Einträge seriös und kompetent sind. Erfolgversprechender ist der Weg in eine Beratungsstelle, die keine kommerziellen Eigeninteressen hat. Das können zum Beispiel lokale oder regionale Netzwerke zur Schimmelpilzberatung sein, Verbraucherzentralen oder Gesundheitsämter. Adressen finden Sie im Anhang auf → Seite 215. Es kann hilfreich sein, wenn Mietende und Vermietende gemeinsam eine Erstberatung aufsuchen. Denn häufig sind beide Parteien über das weitere Vorgehen unsicher. Für das weitere Verfahren ist es gut, wenn sie über den gleichen Kenntnisstand verfügen.

Während es in der Erstberatung um allgemeine Fragen geht, helfen spezialisierte Expertinnen und Experten bei der konkreten Bewältigung des Feuchte-/Schimmelschadens weiter (→ Seite 12). Fragen Sie schon im Beratungsgespräch nach Ansprechpartnern vor Ort.

Welche Expertinnen und Experten helfen mir beim weiteren Vorgehen?

Auskunft darüber, ob Ihre Gesundheit gefährdet ist, können nur Medizinerinnen und Mediziner geben. Denn die gesundheitliche Wirkung von Schimmelpilzen hängt vor allem vom Gesundheitszustand des Betroffenen ab. Woran Sie eine kompetente Ärztin oder einen kompetenten Arzt erkennen, erfahren Sie auf → Seite 45 f.

Für die Ermittlung der Ursache und des Ausmaßes des Schadens sind Sachverständige zuständig. Bei der Auswahl können Sie sich an den Kriterien auf → Seite 102 f. orientieren.

Bei rechtlichen Fragen helfen Rechtsanwältinnen und -anwälte weiter. Allerdings können Feuchte-/Schimmelschäden verschiedene Rechtsgebiete betreffen. Kriterien für die Auswahl einer Rechtsanwältin oder eines Rechtsanwalts stehen auf → Seite 194 f.

Schäden, die größer als 0,5 m² sind oder deren Ursache unbekannt ist, sollten durch eine Fachfirma saniert werden. Bei der Auswahl können die Fachverbände des Handwerks oder die Berufsverbände zur Schimmelsanierung helfen. Worauf Sie bei der Auswahl einer Sanierungsfachfirma achten sollten, erfahren Sie auf den Seiten 144 ff.

Was kann ich tun, um einen Feuchte-/Schimmelschaden zu vermeiden?

Feuchte-/Schimmelschäden können durch bauliche Mängel, ein falsches Nutzungsverhalten oder durch eine Havarie verursacht werden. Häufig kommen mehrere Ursachen zusammen. Wichtig ist, dass Sie mehrmals täglich lüften, idealerweise mit Durchzug (Querlüftung). Im Winter nur kurzzeitig lüften, maximal 5 bis 10 Minuten (→ Seite 82 ff.). In den Wohnräumen sollten Sie möglichst keine Wäsche trocknen. Im Winter sollten größere Temperaturschwankungen innerhalb einer Wohnung vermieden werden. Deshalb gilt: Auch bei kurzer Abwesenheit besser nicht die Heizung abstellen. Wie Sie „Schimmelbefall vermeiden", lesen Sie auch auf den → Seiten 197 ff.

Welche anderen Quellen können zu erhöhten Schimmelpilzkonzentrationen führen?

Schimmelpilze sind immer in unserem Lebensumfeld vorhanden. Außer Feuchte-/Schimmelschäden gibt es eine Vielzahl von Ursachen für erhöhte Schimmelpilzkonzentrationen, wie zum Beispiel:

- → die Nähe von Gärtnereien, Komposthaufen, Biogasanlagen, landwirtschaftlichen Betrieben und Betrieben der Abfallwirtschaft
- → die Lebensgewohnheiten und hygienischen Bedingungen: Abfälle und Gelber-Sack-Müll in der Wohnung, verderbende Lebensmittel, Topfblumen, Luftbefeuchter, Aquarien, Klimaanlagen, felltragende Tiere, Dampfbügeleisen, Gartenarbeiten
- → die Jahreszeit und Vegetation: Im Sommer sorgt die Vegetation für erhöhte Schimmelpilzsporen-Konzentrationen an *Alternaria* und *Cladosporium* in der Außenluft. Im Herbst kommt es durch verrottendes Laub zu erhöhten Konzentrationen von *Aspergillus fumigatus*.

Gefährdete Personen (→ Seite 34) sollten entsprechende Orte meiden, besonders auf Hygiene in ihren Wohnräumen achten und sich je nach Jahreszeit möglichst wenig draußen aufhalten oder eine FFP2-Maske tragen.

Schimmelpilze und Schimmel: Die wichtigsten Merkmale

Unter dem Begriff Schimmelpilze werden fadenförmige (filamentöse) Pilze zusammengefasst. Schimmelpilze stellen aber keine in Klassen (taxonomisch) definierte Einheit von Pilzen dar, die sich durch gemeinsame Merkmale bezüglich ihrer Form, Gestalt und Struktur beschreiben und von anderen Gruppen unterscheiden lassen.

Schimmelpilze wachsen als fadenförmig aneinandergereihte Zellen (Hyphen der Fadenpilze). Sie bilden Sporen, die meist über die Luft verbreitet werden und sich so vermehren können.

In jeder Umgebungsluft sind Schimmelpilzsporen vorhanden, die Art und Anzahl hängen hauptsächlich von der Vegetation, der Jahreszeit und der geografischen Lage ab. So können in Mitteleuropa im Winter rund 100 bis 200 kultivierbare Schimmelpilzsporen (als koloniebildende Einheiten KBE pro m^3) vorhanden sein, im Sommer liegt der Wert häufig um ein Vielfaches höher (mehr als 1000 KBE pro m^3).

In unserem direkten Lebensumfeld sind rund 200 verschiedene Schimmelpilzarten nachweisbar, von denen etwa 50 Arten häufig und die übrigen 150 Arten nur selten auftreten. Die verschiedenen Schimmelpilzarten können mit speziellen Quellen in Verbindung gebracht werden:

- → *Cladosporium herbarum, Alternaria alternata, Botrytis cinerea* – Vegetation;

- *Aspergillus fumigatus* – Kompostierung, Verrottung von Pflanzenmaterial;
- *Penicillium*-Arten – verderbende Lebensmittel, Abfälle, Bioabfälle, Tapeten und Hausstaub;
- *Stachybotrys chartarum, Acremonium* spp., *Chaetomium* spp. – sehr feuchte, zellulosehaltige Baumaterialien;
- *Phialophora* spp., *Engyodontium* album – feuchter Putz;
- *Aspergillus penicillioides, Aspergillus restrictus, Eurotium* spp., *Wallemia sebi* – zellulosehaltige Materialien mit nur leicht erhöhter Feuchtigkeit;
- *Aspergillus versicolor, Chaetomium* spp., *Trichoderma* spp. – feuchte Bausubstanz;
- *Eurotium* spp. – feuchtes Leder (zum Beispiel Schuhe), Tierhaltung;
- *Wallemia* sebi, *Eurotium* spp. – Käfigtierhaltung mit Einstreu.

GUT ZU WISSEN

Die Abkürzung „spp.“ steht für „species pluralis“ und bedeutet, dass mehrere nicht bis zur einzelnen Schimmelart identifizierte Schimmelarten der genannten Gattung vorliegen, zum Beispiel *Müllers* für Müller 1, Müller 2, Müller 3 und so weiter.

Die Identifizierung der Schimmelpilze erfolgt bisher in der Regel anhand ihrer morphologischen Merkmale wie unter anderem der Farbe, Form, Struktur, Wachstumsgeschwindigkeit als Kultur und als mikroskopisches Bild. Der erste Name einer Schimmelpilzart benennt die Gattung von Schimmelpilzen mit ähnlichen morphologischen Merkmalen wie beispielsweise *Aspergillus*. Der zweite Name gibt die Art an, die sich ge-

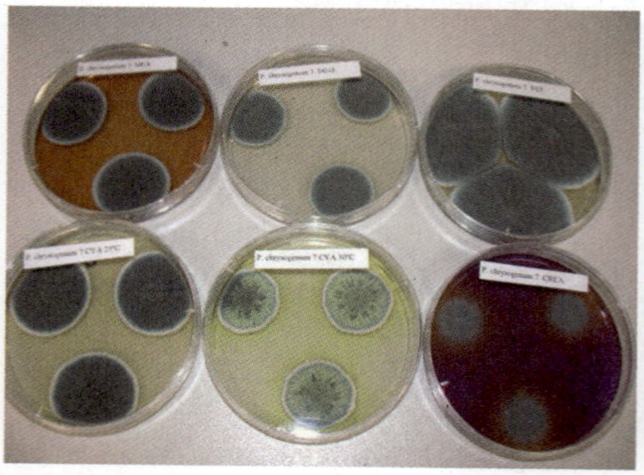

Abb. 1: *Penicillium chrysogenum* auf verschiedenen Nährmedien

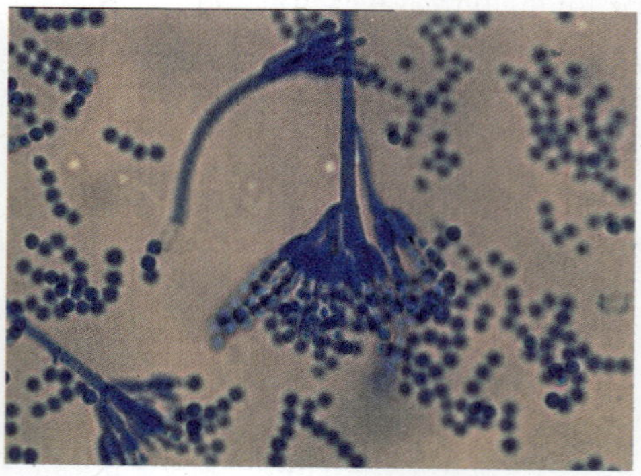

Abb. 2: Häufig vorkommende Schimmelpilzarten als Kultur und als mikroskopisches Bild

genüber anderen Arten dieser Gattung anhand morphologischer Merkmale eindeutig von den anderen Arten dieser Gattung unterscheidet, beispielsweise *versicolor*.

Die Anwendung molekularbiologischer Techniken zur Identifizierung von Schimmelpilzen hat zu neuen Erkenntnissen bezüglich der Unterscheidung verschiedener Schimmelpilzarten geführt. So konnten beispielsweise molekularbiologisch bisher 15 Arten identifiziert werden, die den morphologischen Merkmalen von *Aspergillus versicolor* entsprechen. Die molekularbiologische Identifizierung bis zur Art bringt aus heutiger Sicht aber kaum einen Erkenntnisgewinn bezüglich der Beurteilung eines Feuchte-/Schimmelschadens. In Befunden bzw. Gutachten werden deshalb die unterschiedlichen Arten als Komplex zusammengefasst und zum Beispiel als „*Aspergillus versicolor*-Komplex" angegeben.

Die Grafik (→ Seite 17) zeigt den jahreszeitlichen Verlauf der Schimmelpilzsporenkonzentration in der Außenluft, wobei diese Konzentration je nach Schimmelpilzart stark variiert. Der Anteil von *Cladosporium* spp. an der Gesamtsporenkonzentration ist das ganze Jahr über hoch, besonders jedoch in den Sommermonaten. Dagegen lassen sich von *Aspergillus fumigatus* im Herbst und Winter und von *Alternaria alternata* in den Sommermonaten Juli/August die höchsten Konzentrationen messen.

GUT ZU WISSEN

Die Kenntnis über den jahreszeitlichen Verlauf der Schimmelpilzkonzentration hat eine besondere Bedeutung für Menschen, die gegen Schimmelpilze allergisch sind, da viele von ihnen gegenüber *Alternaria alternata* und zum Teil gegenüber *Cladosporium* spp. oder *Aspergillus fumigatus* sensibilisiert sind. Solche Personen sollten im Hochsommer den Aufenthalt im Außenbereich so weit wie möglich vermeiden.

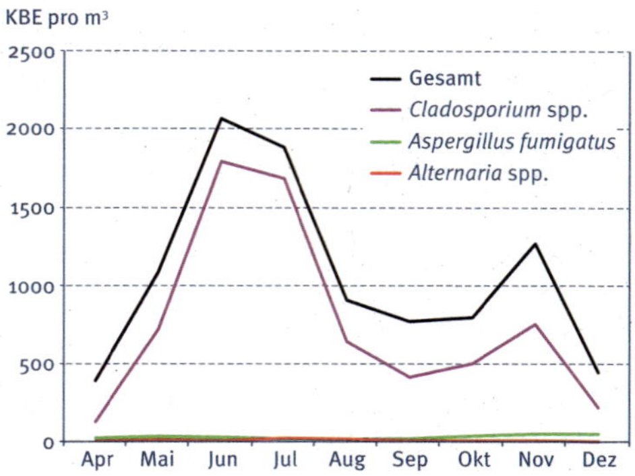

Abb. 3: Jahreszeitlicher Verlauf der Schimmelpilz-Konzentration (monatlich gemittelte Gesamt-KBE von *Cladosporium* spp., *Aspergillus fumigatus*, *Alternaria* spp.; Konzentration jeweils in KBE pro m^3, im Zeitraum vom 8.4. bis 31.12.2011 in Stuttgart)

Schimmelpilze übernehmen in der Umwelt die wichtige Aufgabe, organisches Material zu zersetzen. In der Industrie werden Schimmelpilze und insbesondere Hefen zur Reifung von Lebensmitteln genutzt. Dies betrifft insbesondere Käse und andere Milchprodukte sowie Salami und die Herstellung

> HINTERGRUND
>
> ### Das Reich der Pilze
>
> Schimmelpilze werden mit anderen Pilzen systematisch in einem „Reich“ (Fungi) zusammengefasst. Sie haben wie Pflanzen, Tiere und die sogenannten Protisten (zum Beispiel Algen) einen echten Zellkern und werden daher zu den Eukaryonten gezählt. Lebewesen ohne Zellkern werden als Prokaryonten bezeichnet. Ein Beispiel hierfür sind Bakterien. Gegenüber Bakterien unterscheiden sich Pilze auch durch ihre differenziertere Morphologie (Gestalt) und die Größe der Zellen. Wie Bakterien und Tiere besitzen Schimmelpilze kein Chlorophyll („Blattgrün“). Sie sind wie diese „heterotroph“ und können keine Fotosynthese durchführen (Herstellung von Zucker mithilfe von Sonnenenergie).

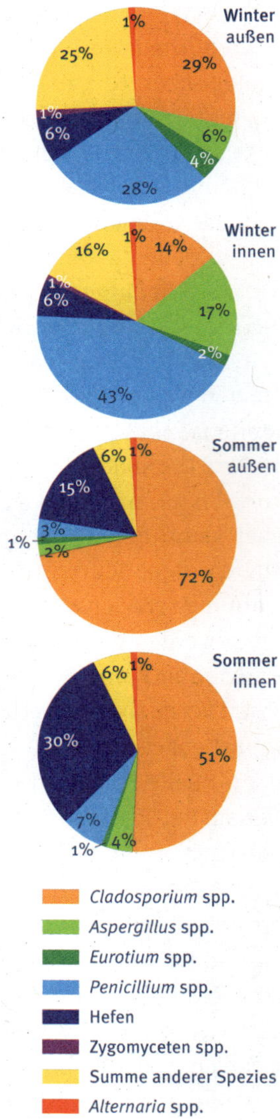

Abb. 4: Prozentuale Verteilung der Schimmelpilzgattungen in der Luft (Luftkeimsammlung)

von Bier und Wein. Seit Mitte des 20. Jahrhunderts dienen bestimmte Schimmelpilze auch zur Herstellung von Antibiotika (Entdeckung des Penicillins durch Sir Alexander Fleming).

In der Innenraumluft ist die Schimmelpilzsporenkonzentration in aller Regel niedriger als in der Außenluft. Auch sie schwankt je nach Jahreszeit und Witterung. Außerdem wirken sich potenzielle Schimmelpilzquellen in der näheren Umgebung – zum Beispiel Wertstoffsortieranlagen, Kompostwerke, Gärtnereien, landwirtschaftliche Betriebe, der Komposthaufen im Garten oder die Mülltonne – auf die Schimmelpilzkonzentration und Artenzusammensetzung in der Raumluft aus (Abbildung → Seite 18). Aufgrund verdorbener Lebensmittel, vieler Zimmerpflanzen und allgemeiner Hygieneprobleme, etwa dem Lagern von Gelber-Sack-Müll in der Wohnung, liegt die Konzentration von *Aspergillus* spp. und *Penicillium* spp. in der Innenraumluft in aller Regel höher als in der Außenluft.

Typische Belastungen bei Feuchte-/Schimmelschäden in Wohnräumen

Bei Feuchte-/Schimmelschäden in Innenräumen treten in Mitteleuropa vor allem folgende Schimmelpilzarten auf – hier genannt mit ihren typischen Quellen:

HÄUFIGE SCHIMMELPILZARTEN BEI FEUCHTE-/ SCHIMMELSCHÄDEN IN WOHNRÄUMEN	TYPISCHE QUELLEN
Acremonium spp. *Stachybotrys chartarum*	sehr feuchte, zellulosehaltige Baumaterialien
Aspergillus penicillioides, *Aspergillus restrictus*	Zellulosehaltige Materialien mit nur leicht erhöhter Feuchtigkeit
Aspergillus versicolor, *Chaetomium* spp. *Trichoderma* spp.	feuchte Bausubstanz
Phialophora spp.	feuchter Putz
Aureobasidium pullulans, *Tritirachium (Engyodontium) album*	keine typische Quelle

Werden diese Schimmelpilzarten (Indikatoorganismen) in relevanten Konzentrationen im oder auf Baumaterial oder in der Innenraumluft nachgewiesen, ist dies häufig ein Hinweis auf einen Feuchte-/Schimmelschaden. Es treten aber durchaus auch Schäden mit anderen Schimmelpilzarten auf wie *Penicillium chrysogenum* oder *Cladosporium* spp. Für das Wachstum dieser Arten kommen jedoch auch weitere Quellen infrage, etwa verdorbene Lebensmittel oder die Vegetation der näheren Umgebung.

Bei einem Feuchte-/Schimmelschaden ist aber nicht nur mit dem Wachstum von Schimmelpilzen zu rechnen, sondern auch mit der Vermehrung von Bakterien, Milben und anderen Kleinlebewesen. Bei Feuchteschäden in Wohnungen sind die betroffenen Räume (Baumaterialien, Luft, Staub) in aller Regel belastet mit:

→ kultivierbaren (vermehrungsfähigen) und nicht mehr kultivierbaren Schimmelpilzsporen;
→ Bakterien, insbesondere Aktinobakterien;
→ Stoffwechselprodukten und Zellbestandteilen von Schimmelpilzen und Bakterien, zum Beispiel Allergenen, Stoffen, die abhängig von ihrer Konzentration toxisch sein können (Toxine), natürlichen „Polyzuckern“ (sogenannte ß-Glucane), mikrobiologisch flüchtigen organischen Verbindungen (Microbial Volatile Organic Compounds -MVOC);
→ Bruchstücken von Bakterien, Schimmelpilzsporen, Pilzgeflechten (auch Myzelien genannt, die dem Wurzelgeflecht von Pflanzen ähneln);
→ Milben, deren Kot Allergene enthält.

Bei der Beurteilung eines Feuchte-/Schimmelschadens muss beachtet werden, dass nicht nur von lebenden Schimmelpilzsporen eine Wirkung ausgehen kann. Durch die oben genannten Belastungen ist mit weiteren biologischen, gesundheitsschädigenden Stoffen (Noxen) zu rechnen. Wenn im weiteren Text von einem Feuchte-/Schimmelschaden gesprochen wird, sind immer auch diese Noxen gemeint. Die folgende Abbildung zeigt ein Schema der Organismen und Noxen, die bei einem Feuchte-/Schimmelschaden wachsen beziehungsweise auftreten können.

GUT ZU WISSEN

Die Bestimmung der Summe der kultivierbaren und nicht mehr kultivierbaren Schimmelpilzsporen (Gesamtsporen) besitzt bei der Beurteilung eines Feuchte-/Schimmelschaden eine große Bedeutung, beispielsweise zur Kontrolle der Feinreinigung nach einer Sanierung. Die Vermehrungsfähigkeit von Sporen kann u. a. durch die Witterungsbedingungen (Temperatur, Feuchte), Desinfektionsmaßnahmen oder mechanische Schädigungen beeinträchtigt werden. Das Verhältnis der kultivierbaren und nicht mehr kultivierbaren Sporen zueinander ist aber nicht konstant. Da die Sporen allein – zum Beispiel in der Luft – weniger morphologische Merkmale besitzen als auf einem Nährmedium kultivierte Sporen, können diese nur als Sporentyp, wie zum Beispiel Typ *Aspergillus/Penicillium*, bestimmt werden. Die gesundheitliche Wirkung von Schimmelpilzen ist aber nicht von ihrer Lebensfähigkeit abhängig – bis auf ihre infektiöse Wirkung.

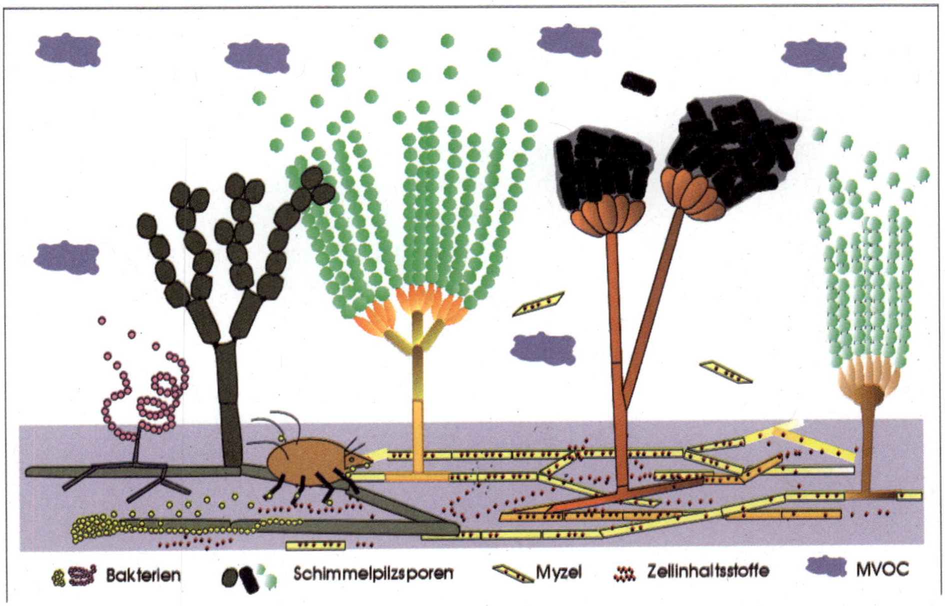

Abb. 5: Schema der Organismen und Noxen bei einem Feuchte-/Schimmelschaden

Vom Feuchteschaden zum Schimmelbefall

Bei einem Feuchteschaden ist davon auszugehen, dass auf und in dem feuchten Material Nährstoffe in Form von Staub oder organischen Bestandteilen vorhanden sind. Lagern sich neben Bakterien (die außer in sterilen Räumen immer in der Luft vorhanden sind) die Schimmelpilzsporen auf diesem feuchten, nährstoffhaltigen Material ab, keimen diese aus und es kommt zu einem Myzelwachstum. Aus diesem Myzelgeflecht heraus wachsen Sporenträger, die neue Sporen bilden. Deren Anzahl, Größe, Flugfähigkeit und morphologische Form hängt von der jeweiligen Schimmelpilzart ab. Die neuen Sporen können wiederum an die Luft abgegeben werden. Schimmelpilzarten, die viele kleine, gut flugfähige Schimmelpilzsporen produzieren, führen zu einer höheren Schimmelpilzkonzentration in der Luft als solche mit wenigen großen, schlecht flugfähigen Schimmelpilzsporen. Gelangen die Sporen wieder auf feuchtes Material, können sie auskeimen und sich weiterverbreiten (sporulieren).

GUT ZU WISSEN

Unterschiedliche Schimmelpilzarten beziehungsweise Gattungen können Sporen bilden, die sich aufgrund ihrer Größe und Form nicht voneinander unterscheiden lassen. Ein Beispiel sind *Penicillium* spp. (in der Abbildung → Seite 21 dritter Schimmelpilz von rechts) und *Aspergillus* spp. (erster Schimmelpilz von rechts). Um sie eindeutig zu identifizieren, muss zusätzlich die morphologische Struktur des Sporenträgers und des Myzels ausgewertet werden.

Wichtig: Es besteht **kein** kausaler (ursächlicher) Zusammenhang zwischen der Größe eines Schimmelschadens und der in der Luft nachweisbaren Schimmelpilzsporenkonzentration. Die Höhe der Konzentration hängt unter anderem von der Anzahl der Sporen pro Sporenträger, von deren Reife (Sporulationszustand) und der Flugfähigkeit der Sporen sowie von mechanischen Aktivitäten und der Feuchtigkeit in dem betreffenden Raum ab. Eine hohe Feuchtigkeit beispielsweise verhindert die Freisetzung von Schimmelpilzsporen auf Materialoberflächen. Und manche Schimmelpilzarten, zum Beispiel *Stachybotrys chartarum*, besitzen eine klebrige Hülle (Abbildung → Seite 21: zweiter Schimmelpilz von rechts). Diese Sporen fliegen vergleichsweise schlecht.

Neben den Schimmelpilzsporen können auch die in der Luft befindlichen Myzelbruchstücke für das Wachstum eines Schimmelpilzes verantwortlich sein. Außerdem können sich in der Luft Zellinhaltsstoffe wie Toxine, Allergene und ß-Glucane befinden sowie Stoffwechselprodukte wie die leichtflüchtigen organischen Verbindungen (MVOC). Sie sorgen dafür, dass manchmal Schimmelschäden auch zu riechen sind. Die Zellinhaltstoffe und Stoffwechselprodukte geben mitunter einen Hinweis auf die Art der vorliegenden Schimmelpilze. Gelangen bestimmte Bakterien auf feuchtes, nährstoffhaltiges Material, kommt es ebenfalls zu einer Vermehrung. Bakterien benötigen dafür aber mehr Feuchtigkeit als Schimmelpilze. Auch Bakterien können spezielle Zellinhaltsstoffe und MVOC produzieren.

Bei einem Feuchte-/Schimmelschaden wandelt sich das Ökosystem normalerweise ständig. Aufgrund der Lebensbedingungen (Feuchtegehalt, Nährstoffe, Temperatur, pH-Wert mit saurem oder basischem Charakter) verändert sich die Zusammensetzung und Konzentration der verschiedenen Bestandteile. Abgestorbene Organismen sind dabei häufig Nährstoffe für neu wachsende Arten. Auch Kleinlebewesen, unter anderem Milben, ernähren sich von Schimmelpilzsporen, dies gilt insbesondere bei Feuchte-/Schimmelschäden, die schon seit längerer Zeit bestehen.

Voraussetzungen für das Wachstum von Schimmelpilzen

Schimmelpilze sind im Allgemeinen anspruchslos. Der maßgebliche Faktor für ihr Wachstum ist ausreichend vorhandene Feuchtigkeit. Die Feuchte beeinflusst sowohl das Myzelwachstum als auch die Sporenbildung. Die Umgebungstemperatur, Nährstoffsubstrat, pH-Wert und Licht spielen hingegen eine untergeordnete Rolle. Doch auch sie beeinflussen das Vorkommen bestimmter Schimmelpilzgattungen und -arten.

Ohne Feuchtigkeit kein Schimmel

Entscheidend für das Wachstum der meisten Schimmelpilze ist die direkt über der Oberfläche eines bestimmten Materials vorliegende Feuchte, die sich auf das Material überträgt. Diese Materialfeuchte wird üblicherweise als a_w-Wert angegeben, der ein Maß für das „freie Wasser" ist. Er gibt also den Anteil der Materialfeuchte an, der nicht chemisch gebunden ist und daher von Schimmelpilzen genutzt werden kann.

Aufgrund unterschiedlicher Dichte, Porenvolumen und Adsorptionseigenschaften können in verschiedenen Baumaterialien bei gleichem a_w-Wert verschiedene Wassergehalte vorliegen.

HINTERGRUND

Der a_w-Wert (Gleichgewichtsfeuchte) eines Materials ist der Quotient von relativer Feuchtigkeit der Luft direkt über dem Material zu der relativen Luftfeuchtigkeit, die sich bei gleichen Bedingungen (Temperatur und Luftdruck) über reinem Wasser (100 Prozent) einstellt. Er kann zwischen 0 und 1 liegen.

Der a_w-Wert eines Materials im Gleichgewichtszustand entspricht einem Hundertstel der relativen Luftfeuchtigkeit direkt über dem Material. Ein a_w-Wert von 0,8 entspricht also einer relativen Luftfeuchtigkeit von 80 Prozent.

$$\frac{\text{relative Luftfeuchtigkeit direkt über einem Material}}{\text{relative Luftfeuchtigkeit, die sich bei gleichen Bedingungen (Temperatur/Luftdruck) über reinem Wasser einstellt}} = \text{Gleichgewichtsfeuchte } (a_w)$$

Schimmelpilze benötigen für ein optimales Wachstum bestimmte Feuchtegehalte (a_w-Werte). Die verschiedenen Schimmelpilzarten werden entsprechend ihrem Feuchteanspruch in drei Gruppen eingeteilt:

Einteilung von Schimmelpilzen gemäß ihrem Feuchteanspruch

BEZEICHNUNG	FEUCHTE-ANSPRUCH	RELATIVE FEUCHTE (%)	GLEICHGEWICHTS-FEUCHTE (A_W-WERT)
Xerophile Schimmelpilze (bevorzugen trockene Lebensräume)	gering	55 bis 65	ca. 0,65
Hydrophile Schimmelpilze (bevorzugen feuchte bis nasse Lebensräume)	hoch	80 bis 98	ca. 0,95
Die Grenze zwischen geringem und hohem Feuchteanspruch ist fließend und lässt sich für Schimmelpilzarten nicht exakt festlegen	Zwischenbereich	65 bis 85	ca. 0,85

Die in der Tabelle angegebenen Werte stellen keine scharfe Grenze dar, sie verdeutlichen aber die optimalen Feuchteansprüche der aufgeführten Schimmelpilzgruppen. Mit dieser Zuordnung lassen sich anhand der bei einem Feuchte-/Schimmelschaden nachgewiesenen Schimmelpilzarten Rückschlüsse auf die vorhandene Feuchtigkeit ziehen. So ist beispielsweise *Wallemia sebi* mit einem a_w-Wert von 0,69 bis 0,75 eine xerophile Schimmelpilzart, die zum Beispiel bei abgetrockneten Schimmelschäden oder in Kleintierstreu nachgewiesen wird. *Stachybotrys chartarum* ist dagegen mit einem a_w-Wert von 0,94 eine hydrophile Schimmelpilzart, die auf feuchtem bis nassem Gipskarton oder anderem zellulosehaltigem Material wächst.

HINTERGRUND

Sollen beide **Schimmelpilzarten (*Wallemia sebi* und *Stachybotrys chartarum*)** mittels Kultivierung bestimmt werden, ist es erforderlich, bei der Probenahme und Probenaufarbeitung zwei verschiedene Nährmedien mit unterschiedlichem a_w-Wert zu verwenden. Zur Untersuchung wird meist DG18-Nährmedium (niedriger a_w-Wert) und Malzextrakt-Nährmedium (hoher a_w-Wert) genutzt. *Wallemia sebi* lässt sich im Gegensatz zu *Stachybotrys chartarum* auf DG18-Nährmedium kultivieren, aber nur spärlich auf Malzextrakt-Nährmedium. *Stachybotrys chartarum* wird hingegen auf Malzextrakt-Nährmedium nachgewiesen.

Weitere Faktoren für Schimmel

Temperatur: Damit Schimmelpilze optimal wachsen können, benötigen sie eine bestimmte Temperatur. Sie lassen sich hinsichtlich ihrer Temperaturansprüche in vier Gruppen einteilen, wobei es für jede Gruppe eine Idealtemperatur gibt (Optimum).

Anhand dieser Informationen lässt sich abschätzen, ob bestimmte Schimmelpilzarten die Folge eines Feuchteschadens im Innenraum sind. *Aspergillus fumigatus* beispielsweise gehört zu den thermotoleranten Schimmelpilzarten, die bei Temperaturen zwischen 30 und 40 Grad Celsius (°C) besonders gut wachsen. Da Wohnräume in aller Regel kälter sind, ist nur in Ausnahmefällen mit einem Wachstum dieser Art aufgrund eines Innenraumfeuchteschadens zu rechnen. Sie tritt aber verstärkt bei Verrottungsprozessen zum Beispiel in Komposthaufen auf. *Aspergillus fumigatus* gelangt daher in der Regel von draußen in den Innenraum. Die Tabelle (→ Seite 28) zeigt aber auch, dass Schimmelpilze durchaus bei niedrigen Temperaturen wachsen können, wie zum Beispiel in einem Kühlschrank.

Temperaturbereiche für das Wachstum von Schimmelpilzen

BEZEICHNUNG	MINIMUM (GRAD CELSIUS)	OPTIMUM (GRAD CELSIUS)	MAXIMUM (GRAD CELSIUS)
Psychrophile Schimmelpilze (kälteliebend)	−10 bis 0	15 bis 20	20 bis 25
Mesophile Schimmelpilze (bevorzugen einen mittleren Temperaturbereich)	0	25 bis 35	ca. 40
Thermotolerante Schimmelpilze (wärmetolerant)	0	30 bis 40	ca. 50
Thermophile Schimmelpilze (wärmeliebend)	20 bis 25	35 bis 55	ca. 60

Die Abhängigkeit des Schimmelpilzwachstums von der Feuchtigkeit und von der Temperatur wird in Form eines sogenannten Isoplethensystems dargestellt, wie in der Abbildung dargestellt.

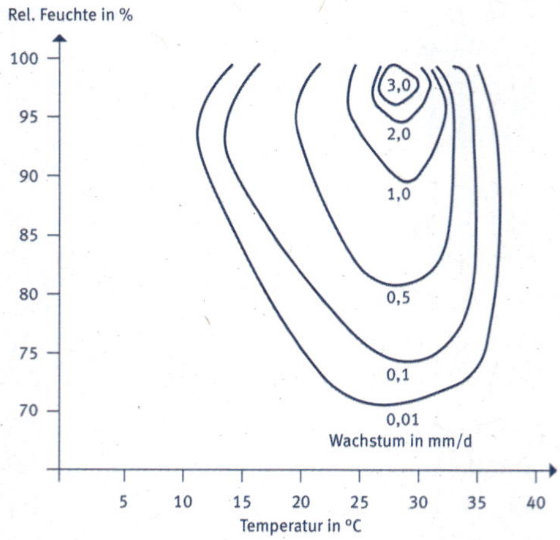

Abb. 1: Darstellung der Abhängigkeit des Myzelwachstums (Millimeter pro Tag (mm/d) einer Schimmelpilzart von der Ausgleichsfeuchte und der Temperatur

pH-Wert: Der leicht saure pH-Wert-Bereich von 4,5 bis 6,5 ist optimal für das Wachstum von Schimmelpilzen. Einzelne Schimmelpilze können auch bei einem pH-Wert von unter 4,5 wachsen, andere im leicht alkalischen Bereich. Schimmelpilze nehmen auch selbst Einfluss auf den pH-Wert eines Materials. Durch ihr Wachstum kann es zur Bildung von organischen Säuren kommen, die den pH-Wert des Materials verändern. Dadurch wandeln sich die Lebensbedingungen für die Schimmelpilze, und möglicherweise verändert sich auch das Spektrum des Befalls.

Baumaterialien mit einem stark alkalischen pH-Wert wie Kalkputze oder anorganische Kalk- oder Silikatfarben reduzieren die Gefahr eines Schimmelpilzbefalls. Allerdings ist zu beachten, dass diese Baumaterialien mit dem Kohlendioxid der Luft reagieren und dadurch im Laufe der Zeit neutralisiert (pH-Wert = 7) werden. Damit sind andere

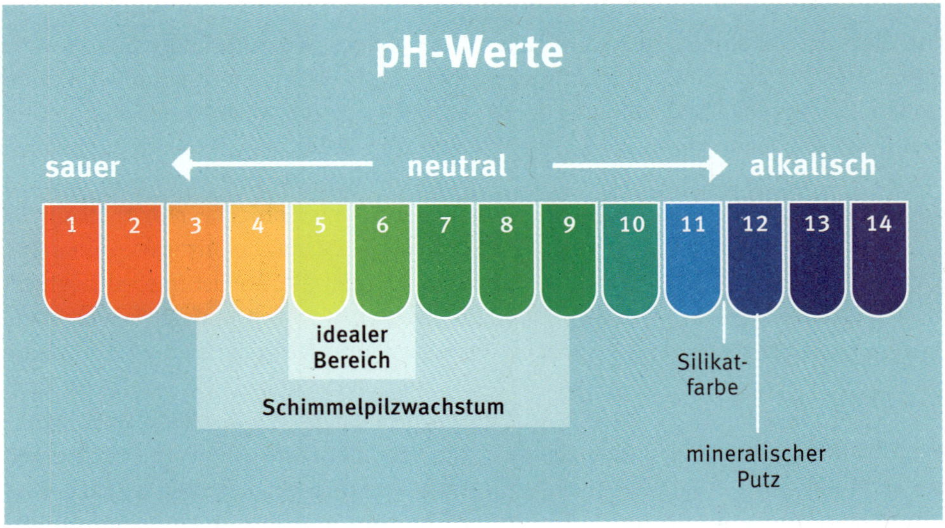

Abb. 2: Bei leicht sauren pH-Werten von 4,5 bis 6,5 sind die Wachstumsbedingungen für Schimmelpilze optimal

Wachstumsbedingungen gegeben und es kann folglich zu einem verzögerten Schimmelpilzbefall kommen.

Nährstoffsubstrat: Viele Schimmelpilze besitzen die Fähigkeit, unterschiedliche Nährstoffe abzubauen. Kohlenhydrate (Monosaccharide, Disaccharide, Polysaccharide außer Zellulose) werden von vielen Schimmelpilzen besonders leicht abgebaut. Es gibt aber auch Schimmelpilzarten, die auf den Abbau von Zellulose spezialisiert sind. Außerdem können Schimmelpilze Eiweiße (Proteine), Wachse, Weichmacher und Kunststoffe verarbeiten. Bei Kunststoffen werden vor allem Monomere abgebaut. Daher ist es wichtig, darauf zu achten, dass Kunststoffe, wie zum Beispiel Abdichtungen, vollständig ausgehärtet sind und keine Monomere mehr enthalten, bevor sie mit Wasser in Kontakt kommen. Anspruchslosen Schimmelpilzarten reichen bereits Staubablagerungen auf Materialien, wie zum Beispiel auf Mineralfaserdämmungen in Dächern, als Nährstoffquelle aus.

Einige Baustoffe, zum Beispiel Tapeten, Gipskarton, Holzfaser- und Spanplatten, enthalten hohe Nährstoffkonzentrationen, die Schimmelpilzen einen guten Nährboden bieten.

Licht: Licht hat nur einen untergeordneten Einfluss auf das Wachstum von Schimmelpilzen im Innenraum. Für die Bildung der Myzelien ist kein Licht erforderlich, allerdings wird bei einigen Schimmelpilzarten die Sporenbildung durch Licht angeregt.

Die optimalen Wachstumsbedingungen für Schimmelpilze

Die optimalen Wachstumsbedingungen für viele Schimmelpilze sind eine Gleichgewichtsfeuchte von a_w = 0,85 bis 0,95, eine Temperatur von circa 20 bis 25 °C, ein pH-Wert von circa 5,0 bis 8,0, Kohlenhydrate als Nährstoffsubstrat und Licht. Unter diesen Bedingungen ist davon auszugehen, dass die in der Luft vorhandenen Schimmelpilzsporen auf entsprechenden Oberflächen auskeimen und diese besiedeln. Einen solchen Schaden erkennt man häufig daran, dass auf der feuchten Oberfläche punktuell unterschiedliche Schimmelpilzarten vorhanden sind. Werden die Wachstumsbedingungen schlechter, wachsen andere, besser angepasste Arten. Dies zeigt sich oft durch eine flächige Besiedelung. Da sich bei einem Feuchteschaden die Wachstumsbedingungen verändern, vor allem die Feuchte und das Nährstoffangebot, kommt es dazu, dass nacheinander jeweils andere Schimmelpilzarten wachsen.

Unter diesen Voraussetzungen wachsen Bakterien

Die Voraussetzungen für das Wachstum von Bakterien im Innenraum wurden, anders als die Bedingungen für Schimmelpilze, bisher nicht systematisch untersucht. In der Regel benötigen Bakterien aber andere Wachstumsbedingungen. So vermehren sich Bakterien meist erst ab einem a_w-Wert größer 0,95. Daher kommt es bei massiven Wasserschäden zu Beginn meist zu einem verstärkten Bakterienwachstum. Bei solchen Schäden ist die Bakterienkonzentration in Baumaterialien häufig um den Faktor 10 höher als die Schimmelpilzkonzentration. Viele Bakterien können sich, anders als die meisten Schimmelpilze, auch im alkalischen Bereich vermehren. In der Luft ist die Überlebenswahrscheinlichkeit für die meisten Bakterienarten gering. Bei Feuchteschäden in einem Bauwerk sind sie daher in der Regel nicht oder nur in geringen Konzentrationen in der Luft nachweisbar.

Hinsichtlich der optimalen Wachstumsbedingungen unterscheiden sich die einzelnen Bakterienarten genauso voneinander wie die verschiedenen Schimmelpilzarten. Im Allgemeinen vermehren sich im Innenraum keine bei Menschen Krankheiten hervorrufende (humanpathogene) Bakterien, die zum Beispiel Scharlach, Diphtherie, Lungenentzündung, Tuberkulose oder Durchfall auslösen können, da sie für das optimale Wachstum eine Temperatur von 37 °C benötigen. Unter ähnlichen Bedingungen wie Schimmelpilze wachsen auch Aktinobakterien auf feuchten Materialien. Sie bilden ähnlich wie Schimmelpilze teilweise Toxine.

So wirkt sich Schimmel auf die Gesundheit aus

Schimmel kann die Gesundheit beeinträchtigen. Für gesunde Menschen besteht nach heutigem Kenntnisstand aber kein akutes Gesundheitsrisiko. Um Erkrankungen und Beschwerden vorzubeugen, sollte Schimmel in Innenräumen trotzdem immer zeitnah fachgerecht entfernt werden.

Schimmel ausgesetzt zu sein, kann zu folgenden gesundheitlichen Wirkungen führen:

- Infektionen;
- Sensibilisierungen und Allergien;
- toxischen Wirkungen;
- Geruchswirkungen;
- Befindlichkeitsstörungen (Einschränkung des körperlichen oder seelischen Wohlbefindens). Typische Befindlichkeitsstörungen sind Müdigkeit, Konzentrationsstörungen, Kopfschmerzen, Schwindelgefühl und Übelkeit.

> **GUT ZU WISSEN**
>
> Ein **Gesundheitsrisiko für eine Person** liegt vor, wenn eine Gefahr eines Schadfaktors besteht (Möglichkeit einer gesundheitlichen Wirkung), die Person Kontakt zum Schadfaktor hat (Exposition) und sie eine Disposition für mögliche Wirkungen des Schadfaktors hat (Anfälligkeit).

Untersuchungen zur Verteilung von Gesundheitsstörungen und den damit verbunden Faktoren (epidemiologische Studien) zeigen übereinstimmend und studienübergreifend, dass es einen Zusammenhang zwischen Feuchte-/Schimmelschäden in Innenräumen und gesundheitlichen Wirkungen gibt.

Bei Feuchteschäden kann eine gesundheitliche Beeinträchtigung aber nicht nur von Schimmelpilzen ausgehen, sondern auch von:

- Bakterien, insbesondere Aktinobakterien;
- Stoffwechselprodukten und Zellbestandteilen wie Toxinen;
- Bruchstücken von Schimmelpilzen oder von Bakterien;
- Milben.

Auch bereits abgestorbene Schimmelpilze, Bakterien oder Milben können die Gesundheit beeinträchtigen. Daher müssen bei einer Sanierung alle schimmelbewachsenen Materialien entfernt werden. Desinfektionsmaßnahmen sind bei der Schimmelsanierung meist überflüssig und reichen allein zur Schimmelsanierung nicht aus.

Für Schimmelpilze und andere Substanzen, die bei einem Feuchte-/Schimmelschaden in der Luft und in anderen Medien (Staub, Baumaterialien) auftreten können, gibt es keine Grenzwerte. Denn die von Schimmel ausgehende gesundheitliche Wirkung hängt vor allem vom Gesundheitszustand der Betroffenen ab. Welche genauen Mengen der verschiedenen Substanzen zum Beispiel über die Luft oder über Staub aufgenommen werden, lässt sich nicht bestimmen, weil die Substanzen nicht gleichmäßig im Raum verteilt sind und in der Regel nur Kurzzeitmessungen durchgeführt werden.

Wer ist gefährdet?

Schimmel kann Erkrankungen und Beschwerden hervorrufen. Das bedeutet aber nicht, dass gesundheitliche Probleme automatisch auf den Kontakt mit Schimmel zurückzuführen sind. Für eine Person, die einem Feuchte-/Schimmelschaden im Innenraum ausgesetzt ist, kann nicht zweifelsfrei nachgewiesen werden, dass dieser Kontakt die eindeutige Ursache (Kausalität) für vorhandene gesundheitliche Beschwerden oder Erkrankungen ist. Die Übersicht ab → Seite 35 zeigt, für welche gesundheitlichen Beschwerden und Erkrankungen ein mehr oder weniger wahrscheinlicher oder gar kein Zusammenhang mit einem Feuchte-/Schimmelschaden im Innenraum angenommen werden kann.

Zusammenhang zwischen einem Feuchte-/Schimmelschaden und Erkrankungen

Eindeutig ursächlicher Zusammenhang mit Feuchte-/Schimmelschäden in Innenräumen:
Kann weder für gesundheitliche Beschwerden noch für irgendeine Erkrankung nachgewiesen werden.

Ausreichend wahrscheinlicher Zusammenhang mit Feuchte-/Schimmelschäden in Innenräumen (alphabetische Auflistung):
- Allergische Atemwegserkrankungen
- Allergische Rhinitis (allergischer Schnupfen)
- Allergische Rhinokonjuctivitis (allergische Entzündung der Nasenschleimhaut, der Augenbindehaut und Augenlider)
- Allergische bronchopulmonale Aspergillose (Engl.: Allergic Bronchopulmonary Aspergillosis, ABPA) (seltene immunologische Lungenerkrankung mit Sensibilisierung (IgE- und IgG-Antikörpern) auf *Aspergillus*-Antigene)
- Andere Allergische bronchopulmonale Mykosen (Engl.: Allergic bronchopulmonary Mycoses, ABPM)
- Aspergillom (Myezetom, Pilztumor) (lokalisierte Form der Aspergillose)
- *Aspergillus*-Bronchitis (Bronchitis durch *Aspergillus*)
- Asthma (erstmaliges Auftreten von Asthma, Verschlechterung der Asthma-Erkrankung, deutliche Verschlimmerung der Asthma-Beschwerden)
- Neurodermitis/Atopisches Ekzem/Atopische Dermatitis (erstmaliges Auftreten der Neurodermitis, Verschlechterung der Neurodermitis, deutliche Verschlimmerung der Neurodermitis)
- Begünstigung von Atemwegsinfekten
- Bronchitis (akut, chronisch)
- Community-acquired (ambulant erworbene) *Aspergillus*-Pneumonie (Lungenentzündung durch *Aspergillus*)
- Exogen-allergische Alveolitis (EAA) (Allergisch bedingte Entzündung der Lungenbläschen)
- Invasive Aspergillosen (Erkrankungen durch in den Körper eindringenden *Aspergillus*)
- Mykosen (Infektionen durch Pilze)
- Organic Dust Toxic Syndrome (ODTS) (toxische Entzündung der Lungenbläschen durch organischen Staub) {Arbeitsplätze mit Kontakten zu organischem Staub}
- Pulmonale Aspergillose (Erkrankung der Lunge durch *Aspergillus*) (subakut, chronisch)
- Rhinosinusitis (Entzündung der Schleimhaut der Nase und der Nasennebenhöhlen) (akut, chronisch invasiv oder granulomatös, allergisch)

Eingeschränkt wahrscheinlicher oder nur vermuteter Zusammenhang mit Feuchte-/Schimmelschäden in Innenräumen (alphabetische Auflistung):
- Befindlichkeitsstörungen
- Chronisch obstruktive Lungenerkrankung (COPD)
- Geruchswirkungen
- Mucous Membrane Irritation (MMI) (Schleimhautirritation)
- Sarkoidose (Entzündungen mit Auftreten kleiner knötchenartiger Zellansammlungen)

→

Nicht passender oder nicht wahrscheinlicher Zusammenhang mit Feuchte-/Schimmelschäden in Innenräumen (alphabetische Auflistung):

- Akute idiopathische pulmonale Hämorrhagie bei Kindern (akute Lungenblutung ohne bekannte Ursache)
- Arthritis (Gelenkentzündung)
- Autoimmunerkrankungen
- Chronisches Müdigkeitssyndrom (Engl. Chronic Fatigue Syndrome, CFS)
- Endokrinopathien (hormonelle Störungen)
- Gastrointestinale (Magen-Darm betreffende) Effekte
- Krebs
- Luftgetragene Mykotoxikose (Vergiftung durch Schimmelpilzgiftstoffe)
- Multiple chemische Sensitivität (Engl. Multiple Chemical Sensitivity, MCS)
- Multiple Sklerose
- Neuropsychologische Effekte
- Neurotoxische Effekte
- Plötzlicher Kindstod
- Renale (Nieren betreffende) Effekte
- Reproduktionsstörungen (Fortpflanzungsstörungen)
- Rheuma
- Schilddrüsenerkrankungen
- Sick-Building-Syndrom (SBS)
- Teratogenität (Fähigkeit, durch Schädigung des Embryos Fehlbildungen auszulösen)
- Urtikaria (Nesselsucht)

Ob Schimmelpilze in Innenräumen die Gesundheit gefährden, hängt entscheidend von der Anfälligkeit (Disposition) der die Räume nutzenden (exponierten) Personen ab. Folgende **Risikogruppen** müssen besonders geschützt werden:

→ Personen mit einer Schwächung des Abwehrsystems (Immunsuppression) nach den drei Risikogruppen der Kommission für Krankenhaushygiene und Infektionsprävention (KRINKO) beim Robert Koch-Institut (RKI). Nicht jeder Mensch mit einem geschwächten Immunsystem hat ein Infektionsrisiko. Die Bewertung kann nur eine Ärztin oder ein Arzt vornehmen.

→ Personen mit schwer verlaufender Influenza („echte“ Grippe, Virusgrippe)

→ Personen mit schwer verlaufender Erkrankung durch SARS-CoV-2 (Coronaviruserkrankung 2019, COVID-19)

→ Personen mit Mukoviszidose (auch zystische Fibrose). Dabei handelt es sich um eine nicht heilbare Erbkrankheit, die zu den Stoffwechselstörungen zählt.

→ Personen mit Asthma.

Infektionen durch Schimmelpilze

Infektionen durch Pilze werden als Mykosen bezeichnet. Hierbei wachsen Pilze im Organismus. Schimmelpilzmykosen sind opportunistische Infektionen, das heißt, sie treten nur dann auf, wenn das Abwehrsystem schon durch eine andere Erkrankung stark geschwächt ist.

Ob eine exponierte Person wegen der Schwächung ihres Abwehrsystems (Immunsuppression) besonders anfällig ist für eine Schimmelpilzinfektion, kann nur eine Ärztin oder ein Arzt anhand der drei Risikogruppen (mittelschwere, schwere und sehr schwere Immunsuppression) der KRINKO beurteilen.

Bei abwehrgeschwächten Personen muss zum Schutz vor einer möglichen Schimmelpilzinfektion sofort jeglicher Kontakt zu einem Feuchte-/Schimmelschaden im Innenraum unterbunden werden. Es ist nicht sinnvoll, zunächst durch Messungen abzuklären, ob Schimmelpilze vorliegen, die beim Menschen Infektionen hervorrufen können. Denn dadurch wäre die abwehrgeschwächte Person dem Feuchte-/ Schimmelschaden länger ausgesetzt, was lebensbedrohlich sein kann.

HINTERGRUND

Man unterscheidet folgende Schimmelpilzmykosen: Aspergillose, Mucormykosen, Phaeohyphomykosen, Hyalohyphomykosen und Penicillosis. Eine besondere Form ist das Aspergillom (Myzetom, Pilztumor), die lokalisierte Form der Aspergillose. Das Aspergillom entsteht meist in Körperhöhlen wie den Nasennebenhöhlen oder der Lunge durch eine Ansammlung von Schimmelpilzmyzelien. Es bildet eine typische kugelige Struktur. Begünstigende Faktoren sind unter anderem Tuberkulose, Bronchiektasen (die nicht rückbildungsfähige Ausweitung eines Bronchus) und bösartige (maligne) Erkrankungen.

Durch Untersuchungen im Labor von entzündetem Gewebe oder Körperflüssigkeiten wie Blut lässt sich meist nachweisen, dass ein Schimmelpilz Auslöser der Entzündung (Infektion) ist. **Das bloße Vorhandensein von Schimmel in Innenräumen reicht hingegen nicht als Nachweis aus.** Werden bei Messungen im Innenraum Schimmelpilze gefunden, die beim Menschen Infektionen hervorrufen können, lässt sich daraus also nicht automatisch schließen, dass diese gefundenen Schimmelpilze die Ursache für eine mögliche Schimmelpilzinfektion eines Bewohners sind. Das hat folgende Gründe:

Wie jeder Infektionskrankheit geht auch einer Schimmelpilzinfektion eine Inkubationszeit voraus. Hierunter versteht man den Zeitraum zwischen dem Eindringen eines Infektionserregers in den menschlichen Körper und dem Auftreten erster Infektionsbeschwerden, das heißt dem Ausbruch der Infektionserkrankung. Beispielsweise wird für die Aspergillose eine Inkubationszeit von Tagen bis Wochen angegeben. Die betroffene Person kann sich also schon vor längerer Zeit infiziert haben. Da Schimmelpilze überall vorkommen, ist es außerdem möglich, dass der Schimmelpilz auch in einem ganz anderen Umfeld (zum Beispiel in der Außenluft) in den menschlichen Körper eingedrungen ist.

> **!** WICHTIG
>
> **Gibt es eine Schimmelquelle** im Innenraum oder der Außenluft, müssen besonders anfällige Personen sofort vor ihr geschützt werden. Das ist lebensrettend und damit zwingend notwendig.

Sensibilisierungen und Allergien

Eine Sensibilisierung im allergologischen Sinne ist eine fehlgeleitete spezifische Immunreaktion bei Erstkontakt mit einem Antigen. Sie kann zu jeder Zeit und überall passieren und führt zu keinen gesundheitlichen Beschwerden. Ein erneuter Kontakt mit diesem Antigen zu einem späteren Zeitpunkt kann dann eine allergische Reaktion, das heißt allergische Beschwerden auslösen. Die zeitlichen Abstände zwischen Sensibilisierung und erster allergischer Reaktion sind sehr variabel.

Damit der Kontakt zu Schimmelpilzen zu einer Sensibilisierung führen kann, müssen Schimmelpilze Allergene bilden. Ob sie das tun, hängt von ihren genetischen Merkmalen und den Wachstumsbedingungen ab. Auch bei Menschen gibt es begünstigende (prädisponierende) Faktoren für eine Schimmelpilzallergie. Dazu gehören eine familiäre Anfälligkeit (Disposition) zur allergischen Reaktion vom Soforttyp (Typ-I-Allergie), vorhandene Sensibilisierungen sowie das Vorliegen einer oder mehrerer allergischer Erkrankungen vom Soforttyp (Atopie). Sensibilisierungen sind für sich genommen noch keine Erkrankung, sie sind jedoch unabdingbare Voraussetzungen für die Entwicklung und Ausprägung einer Allergie.

Schimmelpilze können allergische Reaktionen vom Soforttyp auslösen und verstärken. Zu diesen Typ-I-Allergien gehören zum Beispiel Rhinitis (Entzündung der Nasenschleimhaut), Rhinosinusitis (Entzündung der Schleimhaut der Nase und der Nasennebenhöhlen), Rhinokonjunktivitis (Entzündung der Nasenschleimhaut und der Augenbindehaut) und Asthma bronchiale. Sie können aber auch zu einer Kombination aus Immunkomplexreaktion (Typ-III-Allergie) und dem Spättyp (Typ-IV-Allergie) ähnlichen Reaktionen (zum Beispiel Exogenallergische Alveolitis (EAA)) führen oder diese verstärken. Die EAA tritt allerdings überwiegend am Arbeitsplatz auf und zählt zu den anerkannten Berufskrankheiten (BK Nr. 4201). Fälle außerhalb des Arbeitsplatzes sind sehr selten.

Die Allergische bronchopulmonale Aspergillose (ABPA) ist eine seltene immunologische Lungenerkrankung mit Sensibilisierung (IgE- und IgG-Antikörpern) auf *Aspergillus*-Antigene und tritt praktisch nur bei Asthmatikern mit schwerem Verlauf und bei Mukoviszidose mit Asthma auf. Durch das Einatmen von *Aspergillus*-Sporen kommt es zu einer Besiedlung, die eine Abwehrreaktion auslöst.

Treten bei einer vorliegenden Sensibilisierung allergische Reaktionen aufgrund eines Feuchte-/Schimmelschadens auf, sollte auf Messungen zum Nachweis von Schimmelpilzen im Innenraum verzichtet werden. Sie verzögern nur die notwendige Beseitigung des Schadens und verlängern den Kontakt mit dem belasteten Material unnötig. Stattdessen muss die betroffene Person vor weiterem Kontakt geschützt werden, um gesundheitliche Schäden abzuwenden. Das gilt vor allem für Patienten mit Asthma. Sie können mit einem Asthma-Anfall auf den Schimmel reagieren, der sich im schlimmsten Fall zum lebensbedrohlichen Status asthmaticus entwickelt (Notfall eines besonders schweren Asthmaanfalls, der über einen längeren Zeitraum anhält und sich nicht durch die übliche Asthmabehandlung beheben lässt), an dem die betroffene Person in seltenen Fällen sterben kann.

Allergietests und Messungen helfen nicht weiter

Für die meisten in Innenräumen vorkommenden Schimmelpilze gibt es **keine** (validen) kommerziell erhältlichen Testextrakte für den Nachweis einer Sensibilisierung beim Menschen (Allergietest). Ein positives Testergebnis auf Basis der zurzeit zur Verfügung stehenden Testextrakte (überwiegend außenluftassoziierte Schimmelpilze) hilft daher bei der Risikobewertung eines Schimmelpilzbefalls im Innenraum nicht weiter. **Ob eine Schimmelpilzexposition zu einer Sensibilisierung führt, kann auch nicht durch Messungen im Innenraum bewiesen werden.** Denn selbst wenn Schimmelpilze nachgewiesen werden, die eine Sensibilisierung hervorrufen können, lässt sich wegen der fehlenden Allergietests nicht feststellen, ob sie bei der betroffenen Person tatsächlich eine Sensibilisierung ausgelöst haben. Außerdem kann der Kontakt zum sensibilisierenden Schimmelpilz zu einem ganz anderen Zeitpunkt in einem ganz anderen Umfeld (zum Beispiel der Außenluft oder in einem anderen Innenraum) stattgefunden haben.

Der Nachweis eines kausalen Zusammenhangs zwischen dem Kontakt mit Schimmelpilzen und einer Sensibilisierung ist also nicht möglich. Um eine Sensibilisierung zu verhindern und allergischen Reaktionen bei einer bestehenden Sensibilisierung vorzubeugen, sollte der Kontakt zu Schimmel aber immer schnell und pragmatisch beendet werden (Allergenkarenz).

Toxische Wirkungen

Schimmelpilze können Mykotoxine produzieren. Vergiftungen (Intoxikationen) durch diese Mykotoxine werden Mykotoxikosen genannt. Sie sind beim Verzehr von Nahrungsmitteln (orale Aufnahme) bekannt. Über luftgetragene Vergiftungen durch Mykotoxine im Innenraum liegt bisher kein gesichertes Wissen vor. Es besteht weiterer Klärungsbedarf, ob die in der Innenraumluft entstehenden Konzentrationen an Mykotoxinen zu Vergiftungen führen können. Nach den bisher vorliegenden Erkenntnissen scheint dies nicht der Fall zu sein.

Vergiftungsreaktionen geht im Regelfall eine mehr oder weniger lange Latenzzeit voraus. Hierunter versteht man den Zeitraum zwischen dem Eindringen eines Toxins in den menschlichen Körper und dem Auftreten erster Vergiftungserscheinungen.

Durch das Einatmen hoher Konzentrationen von Bioaerosolen (luftgetragene Schimmelpilzsporen, Bakterien, mikrobielle Stoffwechselprodukte und Bestandteile, Milbenantigene und Ähnliches) kann das Organic Dust Toxic Syndrome (ODTS) ausgelöst werden. Dabei handelt es sich um eine akute grippeähnliche Erkrankung. Solche hohen Konzentrationen kommen aber fast ausschließlich am Arbeitsplatz vor.

Neben diversen Umweltfaktoren werden auch Feuchtigkeit und Schimmelpilze mit Schleimhautreizungen als Mucous Membrane Irritation (MMI, Schleimhautirritation) und der chronischen Bronchitis in Verbindung gebracht. Die krankmachenden Zusammenhänge zwischen diesen Umweltfaktoren und MMI oder chronischer Bronchitis sind bisher jedoch nicht geklärt. Zu den möglichen Symptomen im Rahmen der MMI zählen unspezifische Reizungen der

Schleimhäute der Augen (zum Beispiel Brennen, Tränen, Jucken), der Nase (zum Beispiel Niesreiz, Sekretion und Verschluss (Obstruktion) der Nasenhaupthöhlen) und des Rachens (zum Beispiel Trockenheitsgefühl, Räuspern). Darüber hinaus können sich irritativ-entzündliche Prozesse in den tieferen Atemwegen (zum Beispiel Husten) zu einer chronischen Bronchitis entwickeln. Typische Symptome während des Kontakts mit Schimmel sind Husten, Brennen oder Jucken der Augen und der Nase sowie Hautreizungen. Sie lassen schnell nach, wenn die Exposition unterbrochen wird. Diese irritativen Reaktionen müssen von allergischen Symptomen abgegrenzt werden, die anders als Reizreaktionen bei wiederholter und längerer Exposition in der Regel durch die Sensibilisierung zunehmen.

Die irritativ-toxischen Wirkungen von Schimmelpilzen sind möglicherweise auf Stoffwechselprodukte, Zellwandbestandteile und verschiedene Botenstoffe zurückzuführen. Dabei können verschiedene Mykotoxine und/oder andere mikrobiologische Produkte und Bestandteile zusammenwirken. Andere entzündliche Prozesse im Bereich der Schleimhäute können eine MMI oder eine chronische Bronchitis begünstigen. Dazu gehören Infektionen, allergische Schleimhauterkrankungen, Keratokonjunktivitis sicca (trockenes Auge durch unzureichende Benetzung der Hornhaut und der Bindehaut mit Tränenflüssigkeit, verbunden mit einer Entzündung der Hornhaut und der Bindehaut) und trockene Nasenschleimhäute. Es ist jedoch nicht sinnvoll, sich nur auf die von Schimmelpilzen produzierten Mykotoxine zu beschränken. Vielmehr müssen auch die bei Feuchteschäden häufig von Bakterien produzierten Toxine betrachtet werden wie von gramnegativen Bakterien (Endotoxine) oder Aktinobakterien.

Bei einem Feuchte-/Schimmelschaden sollte darauf verzichtet werden zu untersuchen, ob Schimmelpilze vorhanden sind, die Toxine bilden können. Denn es ist unklar, ob sie das in der konkreten Umwelt tatsächlich tun. **Bei einem Feuchte-/Schimmelschaden sollte darauf verzichtet werden zu untersuchen, ob im Hausstaub und/oder in der Innenraumluft Mykotoxine nachweisbar sind.** Denn es fehlen zuverlässige Nachweise, wie die geringen Mykotoxinmengen, die über die Atmung aufgenommen werden können, den menschlichen Körper belasten.

Geruchsbelästigung durch Schimmel

Stoffwechselprodukte von Schimmelpilzen können zu einer relevanten Geruchsbelästigung führen. Gerüche in der Umwelt wirken sich in verschiedener Weise auf die Gesundheit und das Befinden aus. Eine Geruchsbelästigung hat

- → eine emotionale Komponente (zum Beispiel das Gefühl der Verärgerung);
- → eine Interferenzkomponente (zum Beispiel die Behinderung von Entspannung);
- → eine körperliche Komponente (zum Beispiel Übelkeit, Erbrechen, Kopfschmerzen).

Die charakteristische Wirkung von unangenehmen Gerüchen ist das Gefühl der Belästigung. Mögliche gesundheitliche Folgen sind Befindlichkeitsstörungen, die aber nicht durch toxische Wirkungen von Schimmel ausgelöst werden, sondern durch persönliche Erfahrungen, bestimmte Zuschreibungen und Stress. Befindlichkeitsstörungen können als Vorläufer körperlicher (somatischer) Funktionsstörungen aufgefasst werden. Typische Symptome einer erheblichen unangenehmen Geruchsbelästigung sind Müdigkeit, Konzentrationsschwäche, Übelkeit, Kopfschmerzen und Schlaflosigkeit. Es sind keine Wirkungen von Gerüchen bekannt, die sich sicher auf Schimmelpilze zurückführen lassen. Die ausgelösten Beschwerden sind unabhängig von der Verursachung des Geruchs.

Wie stark Menschen Gerüche wahrnehmen, wie sie diese bewerten und wie empfindlich sie auf unangenehme Gerüche reagieren, ist individuell sehr unterschiedlich. Dabei spielen genetische und hormonelle Einflüsse, die Prägung, der Kontext und Gewöhnungseffekte eine Rolle.

In Innenräumen mit Feuchte-/Schimmelschäden sind die Nutzer meist einer Vielzahl von Bioaerosolbestandteilen ausgesetzt. Dadurch ist es nicht möglich festzustellen, wodurch genau die Beschwerden/Krankheitsbilder verursacht werden. Messungen von Schimmelpilzexpositionen durch Sachverständige haben in diesem Fall keinen Nutzen.

Befindlichkeitsstörungen

Unter Befindlichkeitsstörungen versteht man eine Verschlechterung des physischen, psychischen und sozialen Wohlbefindens sowie des Gefühls der eigenen Leistungsfähigkeit. Befindlichkeitsstörungen spielen eine zentrale Rolle bei umweltbezogenen Gesundheitsstörungen. Zum Beispiel wird ein Umweltfaktor als unangenehm, schädlich oder bedrohlich erlebt, was zu Stressreaktionen führt. Schimmel kann ein Auslöser für Befindlichkeitsstörungen sein.

Möglichkeiten und Grenzen der gesundheitlichen Bewertung

Messungen in Innenräumen helfen, das Ausmaß eines Feuchte-/Schimmelschadens einzuschätzen. Anhand der Messergebnisse kann aber keine belastbare Aussage darüber gemacht werden, wie hoch das Gesundheitsrisiko für die Nutzenden ist. Um das Risiko möglicher gesundheitlicher Wirkungen von Schimmel einzuschätzen, wird daher immer der einzelne Mensch in den Blick genommen. Die Ärztin oder der Arzt bewertet, wie anfällig eine Person für mögliche Schimmelpilzwirkungen ist **(dispositionsbasierte Risikobewertung)**:

- → Ein **Infektionsrisiko** haben Menschen mit Immunsuppression nach den drei Risikogruppen der KRINKO.
- → Ein **Infektionsrisiko** haben Menschen mit schwer verlaufender Influenza („echte" Grippe, Virusgrippe)
- → Ein **Infektionsrisiko** haben Menschen mit schwer verlaufender Erkrankung durch SARS-CoV-2 (Coronaviruserkrankung 2019, COVID-19)
- → Ein **Infektionsrisiko und allergisches Risiko** haben Menschen mit Mukoviszidose.
- → Ein **allergisches Risiko** haben Menschen mit Asthma wegen der Gefahr eines Status asthmaticus.
- → Anfällig für **toxische Wirkungen** wie Schleimhautirritationen (Mucous Membrane Irritation (MMI)) und chronisch entzündliche Reaktionen vor allem im Bereich der Atemwege sind besonders Menschen mit Grunderkrankungen im Bereich der Schleimhäute der Augen und Atemwege. Es besteht keine akute gesundheitliche Gefährdung.
- → Anfällig für **Geruchswirkungen und Befindlichkeitsstörungen** kann jeder sein. Es besteht keine akute gesundheitliche Gefährdung.

Risikogruppen, die besonders geschützt werden müssen, sind:

- → Personen mit Immunsuppression nach den drei Risikogruppen der KRINKO;
- → Personen mit schwer verlaufender Influenza („echte" Grippe, Virusgrippe)
- → Personen mit schwer verlaufender Erkrankung durch SARS-CoV-2 (Coronaviruserkrankung 2019, COVID-19)
- → Personen mit Mukoviszidose;
- → Personen mit Asthma.

Für andere Menschen besteht nach heutigem Kenntnisstand kein akutes Gesundheitsrisiko. **Aus hygienisch-präventiven Aspekten ist Schimmelbefall in Innenräumen aber immer bedenklich. Er sollte nicht toleriert und fachlich qualifiziert saniert werden, um der möglichen Entstehung von gesundheitlichen Beschwerden und Erkrankungen vorzubeugen.**

In Stellungnahmen und Gutachten sollte darauf verzichtet werden, Schimmelpilze und ihre Stoffwechselprodukte einschließlich Toxine mit möglichen Gesundheitseffekten aufzulisten. Dies führt nur zu einer Verunsicherung und Verängstigung der Betroffenen und hilft nicht, das Risiko fachlich richtig einzuschätzen und zu bewerten.

> **WICHTIG**
>
> Nur eine Ärztin oder ein Arzt kann eine **individuelle gesundheitliche Bewertung** eines Feuchte-/Schimmelbefalls vornehmen. Dabei beurteilt sie oder er die gesundheitliche Anfälligkeit (Disposition) des Patienten gegenüber möglichen Schimmelwirkungen.

Eine Risikoeinschätzung anhand von Messdaten zur Art und Konzentration von Schimmelbestandteilen von Sachverständigen ist nicht möglich.

Eine sach- und fachlich richtige Beurteilung eines Feuchte-/Schimmelschadens im Innenraum ist nur durch die fachübergreifende Zusammenarbeit zwischen Ärztin oder Arzt (sie oder er beurteilt das individuelle medizinische Risiko), Umweltmykologinnen, Innenraumdiagnostikern, Handwerkern, Architektinnen, Bausachverständigen und anderen Expertinnen und Experten (sie nehmen eine Beweissicherung vor, entscheiden, ob eine Sanierung erforderlich ist oder eine Sanierung erfolgreich durchgeführt wurde) möglich.

In einigen Städten oder Regionen haben sich Netzwerke zur Schimmelberatung gebildet, die auch Hilfe vor Ort anbieten. Wo eine solche Beratung angeboten wird, steht auf der Internetseite des Umweltbundesamtes (**www.umweltbundesamt.de**, Stichwort „Themen" – „Gesundheit" – „Umwelteinflüsse auf den Menschen" – „Schimmel" – „Netzwerk Schimmelberatung".)

Woran erkenne ich eine gute Ärztin oder einen guten Arzt, die oder der bei vermuteten gesundheitlichen Problemen durch Schimmel helfen kann?

Eine Ärztin oder einen Arzt zu finden, die oder der sich mit Schimmel in Innenräumen und möglichen damit zusammenhängenden Gesundheitsbeschwerden auskennt, ist nicht einfach. Es gibt keine Zusatzbezeichnung für Ärzte, die sich direkt auf die Schimmelproblematik bezieht. Zudem sind Arztpraxen bei der Werbung enge Grenzen gesetzt.

Eine qualifizierte Ärztin oder ein qualifizierter Arzt kann Weiterbildungen, Qualifikationen und Tätigkeitsschwerpunkte nachweisen, zum Beispiel in den Bereichen

- → Umweltmedizin;
- → Hygiene und Umweltmedizin;
- → Innere Medizin und Pneumologie (Lungenheilkunde);
- → Allergologie;
- → Hals-Nasen-Ohren-Heilkunde;
- → Haut- und Geschlechtskrankheiten;
- → Mikrobiologie;
- → Virologie und Infektionsepidemiologie;
- → Arbeitsmedizin;
- → Infektiologie.

Auch die Zugehörigkeit zu einer medizinischen Fachgesellschaft weist auf entsprechende Arbeitsschwerpunkte hin. Relevant sind zum Beispiel die

- → Deutsche Gesellschaft für Pneumologie;
- → Deutsche Gesellschaft für Hals-Nasen-Ohren-Heilkunde;
- → Deutsche Gesellschaft für Dermatologie;
- → Deutsche Gesellschaft für Allergologie und klinische Immunologie;
- → Deutsche Gesellschaft für Infektiologie;
- → Gesellschaft für Hygiene, Umweltmedizin und Präventivmedizin;
- → Deutsche Gesellschaft für Hygiene- und Mikrobiologie;
- → Deutsche Gesellschaft für Krankenhaushygiene;
- → Deutsche Gesellschaft für Arbeitsmedizin und Umweltmedizin.

Diese Informationen können Sie in aller Regel der Internetseite der Arztpraxis entnehmen.

Eine qualifizierte Ärztin oder ein qualifizierter Arzt verzichtet bei der Abklärung der Frage, ob ein Zusammenhang zwischen gesundheitlichen Problemen und einem Feuchte-/Schimmelschaden im Innenraum besteht, auf voreilige Schlussfolgerungen. Im ersten Schritt sollte sie oder er sorgfältig die Krankengeschichte erheben und dabei vor allem auf eine

→

möglicherweise vorliegende Anfälligkeit für gesundheitliche Wirkungen von Schimmelpilzen achten. Dazu gehören:

- eine besonders ausgeprägte Abwehrschwäche zum Beispiel aufgrund einer Tumorerkrankung, Leukämie, Stammzelltransplantation, Organtransplantation, HIV-Erkrankung (AIDS);
- eine schwer verlaufende Influenza („echte" Grippe, Virusgrippe)
- eine schwer verlaufende Erkrankung durch SARS-CoV-2 (Coronaviruserkrankung 2019, COVID-19)
- Mukoviszidose (Zystische Fibrose);
- Asthma.

Liegt bei Ihnen eine solche Anfälligkeit vor, müssen Sie unter Umständen in besonderem Maße vor weiterem Kontakt zu einem Feuchte-/Schimmelschaden im Innenraum geschützt werden. Zudem sollten mögliche andere Ursachen für die gesundheitlichen Probleme geklärt werden.

Im weiteren Verlauf sollte die Ärztin oder der Arzt gemeinsam mit Ihnen sorgfältig abwägen, mit welchen Untersuchungsmethoden sie oder er die gesundheitlichen Probleme abklärt. Dabei sollte sie oder er sich an der SchimmelpilzLeitlinie „Medizinisch klinische Diagnostik bei Schimmelpilzexposition in Innenräumen" der Arbeitsgemeinschaft der Wissenschaftlichen Medizinischen Fachgesellschaften (AWMF) (AWMFRegisterNr. 161/001) orientieren, die seit Mitte 2023 in einer vollständig überarbeiteten Fassung vorliegt. Sie findet sich auf der Internetseite des AWMF Leitlinien-Registers: https://register.awmf.org/de/start.

Eine gute Ärztin oder ein guter Arzt klärt Sie auch über die Grenzen der heutigen Nachweisverfahren auf. Im konkreten Einzelfall kann meist kein ursächlicher Zusammenhang zwischen dem Entstehen von gesundheitlichen Problemen und Schimmelbefall nachgewiesen werden. Die Ärztin oder der Arzt kann nur beurteilen, ob aufgrund der vorliegenden Erkrankung ein weiterer Kontakt zu Schimmel die Gesundheit beeinträchtigt. Nach heutigem Wissen können weder Allergien gegen Schimmelpilze, die bei Feuchte-/Schimmelschäden im Innenraum vorkommen, noch Schimmelpilzgiftstoffe (Mykotoxinen) im Körper zuverlässig nachgewiesen werden.

Folgende Punkte zeichnen generell eine gute Ärztin oder einen guten Arzt aus:

- Die Ärztin oder der Arzt nimmt mich und mein spezielles gesundheitliches Problem ernst.
- Ich erhalte eine ausführliche und verständliche Information und Beratung.
- Die Ärztin oder der Arzt gibt Hinweise auf weiterführende Informationsquellen und Beratungsangebote.

→

- → Sie oder er bezieht mich in alle Entscheidungen zu meiner gesundheitlichen Situation ein.
- → Die Ärztin oder der Arzt und das Praxispersonal behandeln mich freundlich und respektvoll.
- → Ich erhalte ohne Probleme Zugang zu meinen Patientenunterlagen.
- → Die Ärztin oder der Arzt akzeptiert, dass ich im Zweifelsfall eine zweite Meinung einholen möchte.
- → In der Praxis werden der Schutz meiner Person und meine Intimsphäre gewahrt.
- → Die Praxis schützt meine persönlichen Daten.
- → Ich erkenne, ob und wie sich die Ärztin oder der Arzt und das Praxispersonal um die Qualität meiner Behandlung bemühen.

Hygienisch-präventive Beurteilung eines Feuchte-/Schimmelschadens

Normalerweise ziehen Expertinnen und Experten toxikologische Daten heran, um beurteilen zu können, ob ein Stoff gesundheitsschädigend ist. In Langzeituntersuchungen wird versucht, die Dosis (Menge eines Stoffes oder Anzahl von Organismen) des Stoffes herauszufinden, die bezogen auf das Gewicht einer Person (kg) eine gesundheitliche Wirkung hat.

Je nach der Güte der vorliegenden toxikologischen Daten wird ein zusätzlicher Sicherheitsfaktor im Bereich von 100 bis 1.000 genutzt, um einen Grenzwert für die Stoffe abzuleiten.

Dieses Vorgehen ist bei Schimmelpilzen nicht möglich, da

- → von Schimmelpilzen unterschiedliche Wirkungen ausgehen können (allergene, toxische und infektiöse Wirkungen).
- → bei einem Feuchte-/Schimmelschaden im Innenraum mit bis zu 200 Schimmelpilzarten zu rechnen ist, die sich in ihrer Wirkung unterscheiden.
- → bei einem Feuchte-/Schimmelschaden gesundheitsschädigende Stoffe nicht nur auf Schimmelpilze zurückzuführen sind, sondern unter anderem auch auf Bakterien und Milben sowie möglicherweise auf Stoffe, die aufgrund der wechselseitigen Beeinflussung dieser Organismen entstehen (→ Seite 20 f.).

- die von einem Schimmelbefall abgegebene Menge gesundheitsschädigender Stoffe unter anderem vom Wachstumsstadium der Schimmelpilze, Bakterien und Milben, von der Feuchtigkeit und vom Nährstoffangebot abhängt.
- eine zuverlässige Quantifizierung der Exposition – also eine Bestimmung der Konzentration aller Schimmelpilze, Bakterien und anderer biologischer Schadstoffe – in Innenräumen bislang nicht möglich ist.
- die von Schimmel ausgehende Wirkung in starkem Maße vom Gesundheitszustand der betroffenen Person abhängt (→ Seite 33 f.).
- die Inkubationszeit sehr unterschiedlich sein kann.

Die oben genannten Punkte verdeutlichen, dass kein einfacher Dosis-Wirkungs-Zusammenhang zwischen der Größe eines Schimmelbefalls und der von ihm ausgehenden gesundheitlichen Gefährdung besteht. Folg-

HINTERGRUND

Schimmelpilzsporen sind in geringer Konzentration in vielen Materialien und in der Außen- und Innenraumluft vorhanden. Zur Beurteilung von Materialproben eines Schimmelbefalls aus einer Trittschall-/Wärmedämmung und anderer Materialproben sowie der Beurteilung von Luftproben (Luftkeimsammlung, Gesamtsporensammlung) wurde daher vom Umweltbundesamt eine statistische Ableitung von Beurteilungskriterien gewählt. Statistisch abgeleitete Beurteilungskriterien sind zwar nicht für eine gesundheitliche Beurteilung zu nutzen, sie können aber einen Hinweis darauf geben, ob eine Schadstoffquelle, deren Konzentration über der allgemein in diesem Material üblichen Konzentration liegt, wahrscheinlich ist. Zur Ermittlung statistisch abgeleiteter Beurteilungskriterien ist es erforderlich, mit einer standardisierten Methode unter denselben Untersuchungsbedingungen eine Vielzahl von Untersuchungen von Raumluft, Umgebungsluft oder Materialproben in unterschiedlichen Wohnungen oder anderen Objekten (beispielsweise Polystyrol als Trittschall-/Wärmedämmung) durchzuführen. In der Regel wird dann das 95. Perzentil als Beurteilungswert genutzt, das bedeutet, dass 95 Prozent aller ermittelten Werte unter diesem Wert liegen.

lich ist es nicht möglich, toxikologisch begründete Grenzwerte oder andere Beurteilungswerte abzuleiten. Aus diesem Grunde hat das Umweltbundesamt (UBA) entschieden, Feuchte-/Schimmelschäden bei sichtbarem Befall aus hygienisch-präventiver Sicht anhand der Ausdehnung (sichtbare Fläche und Tiefe im Material) zu beurteilen.

Um festzustellen, ob ein bestimmtes Material von Schimmel befallen ist, werden Vergleichswerte benötigt, die die normale Hintergrundbelastung des jeweiligen Materials widerspiegeln. Die Vergleichswerte des Umweltbundesamtes wurden unter Anwendung standardisierter Untersuchungsmethoden an einer Vielzahl von Materialproben in unterschiedlichen Wohnungen statistisch abgeleitet.

Zur Erstellung dieser Vergleichswerte sind folgende Informationen unverzichtbar:

→ bei Materialproben die Art des Materials, zum Beispiel Polystyrol, Spanplatte, künstliche Mineralfaser, Gips, Kalkputz;
→ der Ort der Beprobung: auf oder im Material, Gesamtmaterial oder bestimmter Anteil des Materials unter Berücksichtigung der Wahrscheinlichkeit eines Schimmelbefalls;
→ für welche konkreten Bedingungen dieser Wert gilt, zum Beispiel bei Luftproben die Jahreszeit (Sommer oder Winter), der örtliche Einfluss (zum Beispiel Klima, spezielle Quellen wie Kleintierhaltung oder Blumenerde);
→ die Art der Probenahme, beispielsweise bei Luftproben aktiv oder passiv, mit oder ohne Aktivierung.

Liegen keine allgemein anerkannten Beurteilungskriterien wie die des Umweltbundesamtes vor, müssen Sachverständige angeben, auf welche Vergleichswerte sie sich bei ihrer Beurteilung beziehen.

Anhand statistisch abgeleiteter Beurteilungskriterien wurde vom Umweltbundesamt für Luftproben ein Schema erarbeitet, um einschätzen zu können, wie hoch die Wahrscheinlichkeit für einen Schimmelbefall ist – bei einem Schaden, der nicht sichtbar ist, aber vermutet wird (Feuchteschaden, Geruchsbelästigung). Dieses Schema wird auch angewendet, um zu kontrollieren, ob die Sanierung eines Feuchte-/Schimmelschadens erfolgreich war (WTA-Merkblatt 4-12 Ausgabe: 05.2021/D - Ziele und Kontrolle von Schimmelpilzschadensanierungen in Innenräumen).

Bewertung von sichtbarem Befall

GUT ZU WISSEN

Die Beurteilungskriterien in diesem Kapitel orientieren sich am Schimmelleitfaden 2017 des Umweltbundesamtes. Um für Betroffene die Aussagen verständlicher zu machen, wurde der Text hier vereinfacht. Den vollständigen Text des Leitfadens (Abschnitt 5 „Schimmelbefall erkennen, erfassen und bewerten“) finden Sie auf der Internetseite des Umweltbundesamtes: **www.umweltbundesamt.de/schimmelleitfaden**

Die Bewertung, ob es sich bei einem festgestellten Schimmelbefall um einen unvermeidbaren Normalzustand oder um ein vermeidbares Problem handelt, erfolgt über die Bewertung des Schadensumfangs. In der Regel sind Schimmelbelastungen im Innenraum auf mit Schimmel befallene oder verunreinigte Materialien zurückzuführen. Es wird davon ausgegangen, dass ein kleinerer Befall weniger biogene Schadstoffe produziert als ein in der Fläche und Tiefe größerer Schaden. Dabei werden drei Kategorien unterschieden (Quelle: Umweltbundesamt, Schimmelleitfaden, Seite 113.):

SCHADENSAUSMASS	KATEGORIE 1 NORMALZUSTAND BZW. GERINGFÜGIGER SCHIMMELBEFALL	KATEGORIE 2 GERINGER BIS MITTLERER SCHIMMELBEFALL	KATEGORIE 3 GROSSER SCHIMMELBEFALL
Ausdehnung in der Fläche und in der Tiefe	geringe Oberflächenschäden < 20 cm^2	oberflächliche Ausdehnung < 0,5 m^2, tiefere Schichten sind nur lokal begrenzt betroffen	große flächige Ausdehnung > 0,5 m^2, auch tiefere Schichten können betroffen sein
Daraus resultierende mikrobielle Biomasse	keine bzw. sehr geringe mikrobielle Biomasse	mittlere mikrobielle Biomasse	große mikrobielle Biomasse

Kategorie 1: Normalzustand beziehungsweise geringfügiger Schimmelbefall

Sofortmaßnahmen sind in der Regel nicht erforderlich. Die Ursache sollte erkannt und Abhilfemaßnahmen eingeleitet werden. Typische Beispiele für geringfügigen Schimmelbefall sind mit Schimmel bewachsene Dichtungen in Bädern und an Fensterfugen oder Schimmelwachstum auf Blumenerde.

Kategorie 2: Geringer bis mittlerer Schimmelbefall

Die Freisetzung von Schimmelbestandteilen sollte zeitnah unterbunden, die Ursache des Befalls mittelfristig ermittelt und abgestellt sowie der Schimmelbefall beseitigt werden.

Kategorie 3: Großer Schimmelbefall

Die Freisetzung von Schimmelbestandteilen sollte unmittelbar unterbunden und die Ursache des Befalls kurzfristig ermittelt und beseitigt werden. Die Betroffenen sind auf geeignete Art und Weise über den Sachstand zu informieren. Die Sanierung soll durch eine Fachfirma erfolgen.

Die Flächenangaben in der Tabelle (→ Seite 52) sollen nicht als Absolutwerte herangezogen werden, sondern dienen der Orientierung. Bei einer Beurteilung sind immer der Einzelfall sowie die besonderen Umstände zu prüfen. Insbesondere sind folgende Punkte zu beachten:

- → Bei der Beurteilung von sichtbarem Schimmelwachstum sollen neben der Fläche des Schadens auch die Tiefe und Art des Befalls berücksichtigt werden. Dies ist abhängig vom befallenen Material. Die Kategorien gelten für ein rasenartiges Wachstum. Bei punktförmigem Wachstum wird die tatsächlich bewachsene Fläche abgeschätzt.
- → Die angegebenen flächenbezogenen Kategorien müssen nicht zwingend als eine zusammenhängende Fläche vorliegen, sondern sind im Allgemeinen pro Raumbereich zu verstehen. Ein Bereich kann ein Büroraum, ein Wohnraum oder ein zusammenhängender Wohnraum wie Wohn- und Esszimmer sein. In der Praxis kann dies auch ein Befall in mehreren Raumecken sein, dessen Einzelflächen zusammengezählt werden.
- → Die Abschätzung der mit Schimmel bewachsenen Fläche erfolgt in der Praxis mittels visueller Begutachtung. Dabei muss auch Schimmelbefall, welcher mit bloßem Auge noch nicht erkennbar ist, einbezogen werden. Im Zweifel ist es sinnvoll, die Ausmaße des Befalls auch über die sichtbare Fläche hinaus durch Klebefilmproben zu bestätigen.
- → Für die Abgrenzung sollte zwischen einem aktiven Befall und einem getrockneten Altschaden unterschieden wer-

den. Bei einem aktiven Befall muss berücksichtigt werden, dass aus einem solchen Schaden kontinuierlich über längere Zeit hohe Mengen lebensfähiger Sporen und Stoffwechselprodukte abgegeben werden können. Bei einem getrockneten Altschaden nehmen dagegen in der Regel die Sporenkonzentration und die Stoffwechselproduktion mit der Zeit ab. Ein aktiver Schimmelbefall stellt außerdem häufig die Nährstoffgrundlage für andere gesundheitlich relevante Organismen wie zum Beispiel Milben dar.

→ Bei Schimmelbefall, der erst nach einer Bauteilöffnung sichtbar wird, kann die Einordnung der Kategorie analog zum direkt sichtbaren Befall vorgenommen werden.

Bewertung von Materialproben

Um festzustellen, ob in einem Material ein Schimmelbefall in relevantem Maße vorliegt, werden Proben entnommen und mit Orientierungswerten vom gleichen unbelasteten Material verglichen. Diese Untersuchungen müssen nach einem standardisierten Nachweisverfahren durchgeführt werden. Liegt die Konzentration an Schimmelpilzen und/oder Bakterien in diesen Proben deutlich höher als in den Vergleichsmaterialien, muss das Material entfernt werden.

Laut Umweltbundesamt muss bei den meisten Materialien aus Neu- und Altbauten ab einer Schimmelpilzkonzentration von 10^5 koloniebildenden Einheiten pro Gramm (KBE/g Material) mit einem Schimmelwachstum gerechnet werden. Bei fabrikneuen und auf der Baustelle gelagerten Materialien deuten bereits Konzentrationen von 10^3 KBE/g bis 10^4 KBE/g auf ein aktives Wachstum hin.

Bei Fußbodenaufbauten ist eine Bewertung des Befalls besonders wichtig. Muss der Boden aufgrund eines massiven Schimmelbefalls ausgetauscht werden, ist das mit hohem Aufwand verbunden. Das Umweltbundesamt hat deshalb Kriterien erarbeitet, um Feuchteschäden in Fußböden zu beurteilen

(Handlungsempfehlung zur Beurteilung von Feuchteschäden in Fußböden, Anlage 6 des Schimmelleitfadens 2017 des Umweltbundesamtes). Diese Empfehlung stellt Sachverständigen die Entscheidungskriterien zur Verfügung, ob der Fußboden aus hygienischer Sicht ausgebaut werden muss oder nicht.

Für die Bestimmung der Bakterienkonzentration gibt es bisher keine standardisierten Verfahren, daher existieren auch keine einheitlichen Vergleichswerte. Erfahrungsgemäß liegen die Bakterienkonzentrationen jedoch um etwa eine Zehnerpotenz über den Konzentrationen an Schimmelpilzen. Danach muss bei den meisten Materialien ab einer Konzentration von 10^5 KBE/g bis 10^6 KBE/g Material mit einem Bakterienwachstum gerechnet werden.

Bewertung von Luftproben

Die Beurteilung der Konzentration und Zusammensetzung von Schimmelpilzsporen in der Innenraumluft dient in erster Linie dazu, bei einem vermuteten, **nicht sichtbaren Schimmelbefall** zu beurteilen, ob ein solcher wahrscheinlich oder unwahrscheinlich ist. Werden die Ergebnisse von Innenraumluftmessungen jedoch isoliert betrachtet, kann das zu einer falschen Einschätzung der Situation führen. Es müssen immer alle bei der Begehung (Inaugenscheinnahme, bauphysikalische Messungen, Berechnungen) oder beim Einsatz eines Schimmelpilzspürhundes gesammelten Informationen mit beurteilt werden. Denn in Einzelfällen kann es durchaus vorkommen, dass Ergebnisse von Luftkeimsammlungen negativ ausfallen, obwohl ein Schimmelbefall vorliegt. Anhand von Luftproben zu entscheiden, wie hoch die Wahrscheinlichkeit für eine Schimmelquelle ist, setzt daher hohen Sachverstand voraus.

Es gibt zwei Möglichkeiten, Luftproben auf ihre Schimmelpilzkonzentration und -zusammensetzung zu untersuchen: die Gesamtsporensammlung und die Luftkeimsammlung.

Die Gesamtsporensammlung hat den Vorteil, dass mit ihr sowohl lebensfähige als auch nicht mehr lebensfähige Schimmelpilze bestimmt werden können. Das spielt eine besondere Rolle, wenn bei der Sanierung eines Feuchte-/Schimmelschadens Desinfektionsmittel genutzt und Schimmelpilze abgetötet wurden, denn auch nicht mehr lebensfähige Schimmelpilze haben eine gesundheitliche (allergene und toxische) Wirkung. Eine eindeutige Identifizierung der Schimmelpilzart ist mit dieser Methode allerdings nicht möglich.

GUT ZU WISSEN

Das Umweltbundesamt hat im Rahmen einer Studie in 75 Wohnungen ohne Schimmelbefall **die Innenraum und Außenluft im Sommer und im Winter** untersucht. Dabei zeigte sich unter anderem, dass *Aspergillus fumigatus* sowohl im Sommer als auch im Winter in der Außenluft und der Raumluft in fünf Prozent aller untersuchten Wohnungen (95. Perzentil) in einer Konzentration von circa 50 KBE/m^3 vorkommt.

Aspergillus fumigatus ist also kein geeigneter Indikator für einen Schimmelbefall im Innenraum. Der Nachweis von 50 KBE/m^3 in der Raumluft kann eine Normalsituation darstellen. Dagegen wurde zum Beispiel für *Aspergillus versicolor* in der Raumluft im Sommer und im Winter ein 95. Perzentil von circa 40 KBE/m^3 ermittelt, während sich in der Außenluft nur 20 oder 0 KBE/m^3 nachweisen ließen. *Aspergillus versicolor* ist also einer der Indikatororganismen für einen Feuchte-/Schimmelschaden im Innenraum.

Wird für *Aspergillus versicolor* eine Differenz der Konzentration in der Innenraumluft zur Außenluft von mehr als 50 KBE/m^3, aber weniger als 100 KBE/m^3 nachgewiesen, ist eine Innenraumquelle möglich. Ist die nachgewiesene Differenz größer als 100 KBE/m^3, dann ist eine Innenraumquelle wahrscheinlich. Ist die Differenz kleiner oder gleich 50 KBE/m^3, dann liegt wahrscheinlich keine Innenraumquelle vor. Mit der Untersuchung von Luftproben kann also immer nur die Wahrscheinlichkeit ermittelt werden, dass ein Schimmelbefall vorliegt. Ein Beweis ist nicht möglich. (Ausführliche Tabellen zum Thema finden Sie im Schimmelleitfaden des Umweltbundesamtes unter **www.umweltbundesamt.de/schimmelleitfaden**.)

Mit einer Luftkeimsammlung können hingegen nur lebensfähige Schimmelpilze nachgewiesen werden. Dabei lässt sich in der Regel auch die Schimmelpilzart identifizieren.

Bei der Beurteilung von Luftproben müssen folgende Aspekte beachtet werden:

- → Die Außenluft hat Einfluss auf die Artenzusammensetzung, auf die Konzentration kultivierbarer Schimmelpilze und die Gesamtsporenzahl der Innenraumluft.
- → Die Bewertung einer Luftprobe im Spätherbst ist schwierig, wenn der Sporengehalt der Außenluft in kurzer Zeit

stark verringert wird (Oktober bis November mit kalter und feuchter Witterung). In diesem Zeitraum können aus der Außenluft stammende, sedimentierte Sporen das Ergebnis einer im Innenraum gezogenen Luftprobe stark beeinflussen – falls diese vor oder während einer Probenahme aufgewirbelt werden – und im Verhältnis zur Außenluft eine Belastung der Innenluft vortäuschen.

- Es handelt sich in aller Regel um Kurzzeitmessungen. Schimmelpilzkonzentrationen können in der Innenraumluft jedoch zeitlich und räumlich hohen Schwankungen unterliegen, da Schimmelpilzsporen nicht gleichmäßig im Raum verteilt sind und sich ihre Konzentration von Tag zu Tag verändern kann.
- Um Unterschiede im Artenspektrum in der Innenraumluft zur Außenluft zu erkennen, muss die Artenzusammensetzung einer Luftprobe erfasst werden. Nur so können die Konzentrationen der einzelnen Schimmelpilzarten eindeutig bestimmt werden, die auf Feuchte- oder Bauschäden hindeuten.
- Nur in Einzelfällen kann es sinnvoll sein, Schimmelpilze mit einer besonderen gesundheitlichen Bedeutung nachzuweisen. Beispielsweise kann dies bei einem Rechtsstreit der Fall sein.
- Sporen verschiedener Schimmelpilzarten haben eine sehr unterschiedliche „Flugfähigkeit". Daher ist es wichtig, die einzelnen Schimmelpilzarten nach ihrer Sporenverbreitung zu unterscheiden. Die Erfahrung zeigt, dass Schimmelpilzarten mit sogenannten trockenen, gut flugfähigen Sporen bereits bei geringen Materialschäden zu erhöhten Sporenkonzentrationen in der Luft führen können. Diese Arten bilden in der Regel eine große Anzahl relativ kleiner Sporen, die nicht in eine „Schleimmatrix" eingebettet sind, sodass einzelne Sporen oder kleine Sporenaggregate durch leichte Luftbewegungen verbreitet werden können. Typische Beispiele sind Arten der Gattungen *Penicillium* und *Aspergillus*. Sind die Materialien hingegen mit Schimmelpilzen besiedelt, deren Sporen relativ groß sind oder nach ihrer Bildung in Schleimsubstanzen gesammelt werden und daher schlecht fliegen, lassen sich wesentlich geringere Luftbelastungen messen. Typische Beispiele sind viele Arten der Gattungen *Acremonium* oder *Fusarium* sowie Sporen der Schimmelpilzart *Stachybotrys chartarum*. Die in der Innenraumluft nachgewiesene Sporenkonzentration ist folglich nicht proportional zur Größe eines Schimmelschadens.

Mit der Bewertungshilfe für Schimmelpilzkonzentrationen in der Innenraumluft kann die Wahrscheinlichkeit für das Vorliegen eines versteckten oder nicht sichtbaren Schimmelbefalls ermittelt werden.

Drei Bereiche werden unterschieden:

→ Der Bereich der **Hintergrundbelastung** für wichtige Schimmelpilzgattungen oder Schimmelpilzarten
→ Ein **Übergangsbereich**, innerhalb dessen erhöhte Konzentrationen bestimmter Schimmelpilzgattungen oder Schimmelpilzarten liegen, die möglicherweise auf Innenraumquellen hinweisen
→ Ein Bereich mit Konzentrationen, die mit **hoher Wahrscheinlichkeit** auf eine Innenraumquelle hinweisen

Die Auswertung von Luftproben ermöglicht also nur die Beurteilung, ob eine Innenraumquelle unwahrscheinlich, möglich oder wahrscheinlich ist. Eine Beurteilung eventueller gesundheitlicher Wirkungen ist mit diesen Methoden nicht möglich (→ Seite 33 f.). Zur Beurteilung von Bakterien oder Aktinobakterien (eine sehr vielfältige Gruppe von grampositiven Bakterien) in der Innenraumluft gibt es bisher keine einheitliche Vorgehensweise.

GUT ZU WISSEN

Viele Betroffene sind verunsichert, wenn die Sanierungsfirma in Schutzkleidung anrückt. Schließlich haben sie sich ohne Schutz oft über einen längeren Zeitraum in den von Schimmel betroffenen Räumen aufgehalten. Sie können unbesorgt sein: Die gesundheitliche Gefährdung beim bloßen Aufenthalt im vom Schimmel betroffenen, unsanierten Raum ist deutlich niedriger als bei der Sanierung.
Beim Sanieren wird eine Menge Staub aufgewirbelt. Dadurch ist die Schimmelpilzkonzentration um zehn Potenzen höher als vor der Sanierung. Zum Vergleich: Die Schimmelpilzkonzentration in der Außenluft beträgt 2.100 KBE/m³ Luft – im Arbeitsbereich der Sanierung sind es ganze 35 Millionen KBE/m³ Luft, direkt an den Arbeitenden sogar 40 Millionen KBE/m³ Luft. Personen, die die Arbeiten ausführen, müssen einen Atem-, Augen- und Handschutz und einen geeigneten staubdichten Chemikalienschutzanzug tragen (→ Seite 139).
Die Deutsche Gesetzliche Unfallversicherung (DGUV) hat die Gefährdungspotentiale je nach Schimmelpilzkonzentration in der Luft in die Gefährdungsklassen 1 – Exposition erhöht, 2 – Exposition hoch und 3 – Exposition sehr hoch eingeteilt. In der

folgenden Tabelle finden Sie exemplarische Tätigkeiten, die bei der Schimmelsanierung anfallen, und die dabei zu erwartende Schimmelpilz- und Staubexposition.

BEISPIELHAFTE TÄTIGKEITEN	ZU ERWARTENDE SCHIMMELPILZ- UND STAUBEXPOSITION		
	ERHÖHT	HOCH	SEHR HOCH
Sanierung im Wandbereich			
Fugendichtstoff (Silikon, Acryl) nach der Reinigung/ Absaugung entfernen	erhöht		
Tapete trocken entfernen			sehr hoch
Raumseitig befallene Tapete nach Absaugen der Oberfläche und Anfeuchten entfernen	erhöht		
Putz trocken entfernen – Abstemmen ohne staubbindende Maßnahmen			sehr hoch
Betonschleifer/Putzfräse mit Absaugung		hoch	
Betonschleifer/Putzfräse mit Absaugung und lokaler Absaugung im Arbeitsbereich	erhöht		
Putz entfernen mit gekapseltem Hochdruckwasserstrahlverfahren		hoch	
Trockenbauwände entfernen			sehr hoch
Sanierung im Deckenbereich			
Tapete trocken entfernen			sehr hoch
Zwischendecken, abgehängte Decken öffnen und befallene Materialien (u.a. Dämmung) entfernen			sehr hoch
Sanierung im Fußbodenbereich			
Teppichboden (verklebt) nach dem Absaugen trocken entfernen			sehr hoch
Ausbau verklebter Bodenbeläge (z.B. Parkett, PVC, Linoleum)			sehr hoch
Ausbau nicht verklebter, glatter Bodenbeläge (z.B. Parkett, Laminat)		hoch	
Aufgeständerte Bodenkonstruktion entfernen			sehr hoch
Estrich und Dämmung trocken entfernen			sehr hoch
Estrich und Dämmung trocken entfernen mit zusätzlicher Lüftung des unmittelbaren Arbeitsbereiches		hoch	
Sonstige Tätigkeiten			
Entrümpeln/Räumen stark verunreinigter Bereiche			sehr hoch
Archivgut reinigen/räumen (siehe auch TRBA 240)			sehr hoch
Dämmmaterial (Mineralwolle/Zellulose/Holzfaserplatten) ausbauen			sehr hoch
Schüttmaterial in Hohlraumkonstruktionen ausräumen			sehr hoch
Bohren mit abgesaugten Geräten	erhöht		

Quelle: Deutsche Gesetzliche Unfallversicherung e.V. (DGUV): Gesundheitsgefährdungen durch Biostoffe bei der Schimmelpilzsanierung. DGUV Information 201-028. Berlin, November 2022. S. 54–55

Typische Ursachen für einen Feuchte-/Schimmelschaden

Die Voraussetzung für Schimmel ist immer Feuchtigkeit. Die Ursachen der Feuchtigkeit können bauliche Mängel oder falsches Nutzungsverhalten sein. Häufig ist Schimmelbefall auf verschiedene Ursachen, die gleichzeitig auftreten können, zurückzuführen.

Schimmelbefall kann entstehen, wenn Wasser von außen eintritt, wie zum Beispiel nach Unwettern oder Überschwemmungen. Auch Leckagen wasserführender Leitungen können Auslöser für einen Schimmelschaden sein.

Feuchte-/Schimmelschäden entstehen überwiegend, wenn die relative Luftfeuchtigkeit vor Bauteilen auf über 70 Prozent ansteigt oder dort kondensiert. Zu einer Kondensation kommt es immer dann,

- → wenn das Fassungsvermögen der Luft für Wasserdampf bei einer bestimmten Temperatur durch Zuführung weiterer Feuchtigkeit überschritten wird, wie zum Beispiel durch Kochen, Duschen, Wäschetrocknen
- → wenn durch Abkühlen der Luft, zum Beispiel an kalten, schlecht gedämmten Außenwänden oder durch unzureichendes Heizen, die enthaltene Feuchtigkeitsmenge größer wird als das Fassungsvermögen (die Sättigungsmenge) der niedrigeren Temperatur.

Trifft warme, feuchte Luft auf eine kalte Oberfläche und wird die sogenannte Taupunkttemperatur unterschritten, bildet sich Kondensat.

GUT ZU WISSEN

Die Temperatur, bei der aus der Luft Kondenswasser austritt (= relative Luftfeuchtigkeit von 100 %), heißt „Taupunkttemperatur“ oder „Taupunkt“.

Vor allem bei Altbauten kühlen die Gebäudeaußenecken, Fensterlaibungen, Bereiche an angrenzenden Balkonplatten, aber auch der Eckbereich zwischen Wand und Decke sowie Boden und Wand besonders schnell ab.

- Kondensiert die Feuchtigkeit **an** der kühleren Oberfläche von Bauteilen wie zum Beispiel Wand oder Fenster, entsteht eine erhöhte Oberflächenfeuchtigkeit oder Tauwasser.
- Kondensiert die Feuchtigkeit **in** Bauteilen wie zum Beispiel in der Außenwand oder Dachkonstruktion, entsteht eine erhöhte Bauteilfeuchtigkeit.
- Kondensiert die Feuchtigkeit an sogenannten „Kondensationskernen“ in der Luft wie zum Beispiel Schmutz- und Staubpartikel, bildet sich Nebel.

Tauwasser auf Oberflächen von Bauteilen bildet sich meist aufgrund

- einer zu kalten Oberfläche an der Gebäudeaußenwand (zu geringe Dämmung, Wärmebrücken, nicht kontinuierliche Mindestraumtemperatur)
- einer zu hohen Feuchtigkeit der Raumluft zum Beispiel durch Kochen, Waschen oder zu geringe Lüftung
- eines zu schnellen Aufheizens kalter Räume zum Beispiel durch Tauwasserbildung an einer stark abgekühlten Oberfläche der Außenwand
- einer Luftundichtheit der Gebäudehülle, zum Beispiel wenn kalte Luft über Leckagen ins Gebäude kommt
- einer hygrothermischen Feuchtigkeitsbelastung, wenn etwa das kältere Schlafzimmer über eine offene Zimmertür beheizt wird

Kommt es nach Beschichtungsarbeiten oder einer Wärmedämmung zu einem Schimmelbefall, sprechen viele von zu dichten Beschichtungen und Wänden, die nicht mehr „atmen“ können. Gemeint ist, dass die Wasserdampfdiffusion durch das Bauteil oder die Wasserdampfaufnahmefähigkeit der Bauteiloberfläche („Sorption“) aufgrund der Maßnahme so stark beeinträchtigt würde, dass Bauschäden entstehen, zum Beispiel durch Ablösen von Beschichtungen, Tauwasser auf der Bauteiloberfläche und Schimmelbildung. Wärmedämmende Maßnahmen reduzieren jedoch die Schimmelgefahr vor allem an Wärmebrücken so weit, dass insbesondere in Außeneckbereichen höhere Oberflächentemperaturen entstehen und das Risiko für einen Schimmelbefall sinkt.

Tatsächlich hat der Feuchteaustausch über die Außenwände jedoch nur eine untergeordnete Bedeutung: In der Regel werden über die Außenwände maximal zwei Prozent der Raumluftfeuchtigkeit mit der Außenluft ausgetauscht. Der Feuchteaustausch bzw. die Verringerung der Raumluftfeuchtigkeit muss somit über die regelmäßige Lüftung (Fenster oder Lüftungsanlagen) erfolgen. Wie schnell der Feuchteaustausch über die Fensterlüftung erfolgt, hängt vor allem von der Differenz der Raumlufttemperatur/Raumluftfeuchtigkeit zur Außenlufttemperatur/Außenluftfeuchtigkeit ab. Außerdem wirkt sich die Lage des Gebäudes (Innenstadt oder Land) und der Wohnung (Erdgeschoss oder obere Etagen) oder die Grundrissgestaltung (Orientierung der Fenster, Querlüftung möglich) auf die Effektivität des Lüftens aus. Je höher der Temperaturunterschied zwischen der Innen- und Außenluft, umso schneller gelingt normalerweise der „natürliche" Luftaustausch.

GUT ZU WISSEN

Für Feuchteschäden ist nicht erst eine **Kondensation**, also eine 100-prozentige Feuchtigkeit notwendig. Auch geringere Feuchtigkeitsbelastungen können bereits zu einer Schimmelbildung auf Bauteilen, Einrichtungsgegenständen oder Kleidungsstücken führen. Solche Schäden werden als hygrothermische Schäden bezeichnet, da es sich hierbei um ein Zusammenwirken von Feuchtigkeit (hygro) und Temperatur (thermisch) handelt. Eine hygrothermische Feuchtigkeitsbelastung hat die gleichen Ursachen wie eine Feuchtigkeitskondensation.

Woher kommt die Luftfeuchtigkeit?

Bei der Feuchtigkeitsmessung in Wohnräumen wird in der Regel die relative Luftfeuchtigkeit ermittelt. Diese ist von verschiedenen Faktoren abhängig und weist jahreszeitlich bedingte Schwankungen auf.

In geschlossenen Räumen variiert die relative Luftfeuchtigkeit in Abhängigkeit von der Nutzung und der Temperatur. Wird die Temperatur in einem abgeschlossenen Raum erhöht, dann sinkt die relative Luftfeuchtigkeit. Wird die Temperatur in einem abgeschlossenen Raum reduziert, dann steigt die relative Luftfeuchtigkeit. Ist der Wasserdampfsättigungszustand erreicht, so kondensiert Wasserdampf und bei weiterer Abkühlung kommt es an Bauteilen zu einer erhöhten Oberflächenfeuchtigkeit oder zur Bildung von Tauwasser.

GUT ZU WISSEN

Luft besteht aus Stickstoff, Sauerstoff, Kohlendioxid, Edelgasen und Wasserdampf. Die Menge des in der Luft vorhandenen Wasserdampfes wird als **relative Luftfeuchtigkeit** definiert. Die relative Luftfeuchtigkeit gibt somit Auskunft über das Verhältnis der tatsächlich vorhandenen Feuchtigkeit in der Raumluft zur maximal möglichen Feuchtigkeit in der Raumluft bei einer bestimmten Temperatur.

Abb. 1: Kühlt warme Luft mit etwa 50 Prozent relativer Feuchtigkeit an kalten Flächen ab, steigt dort die relative Luftfeuchte bis zu 100 Prozent an und es entsteht Kondenswasser

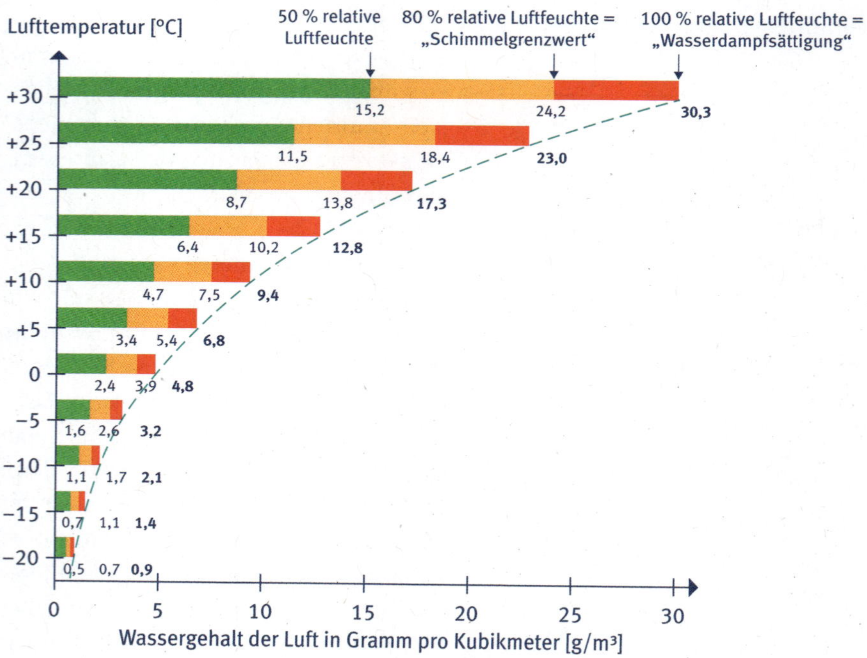

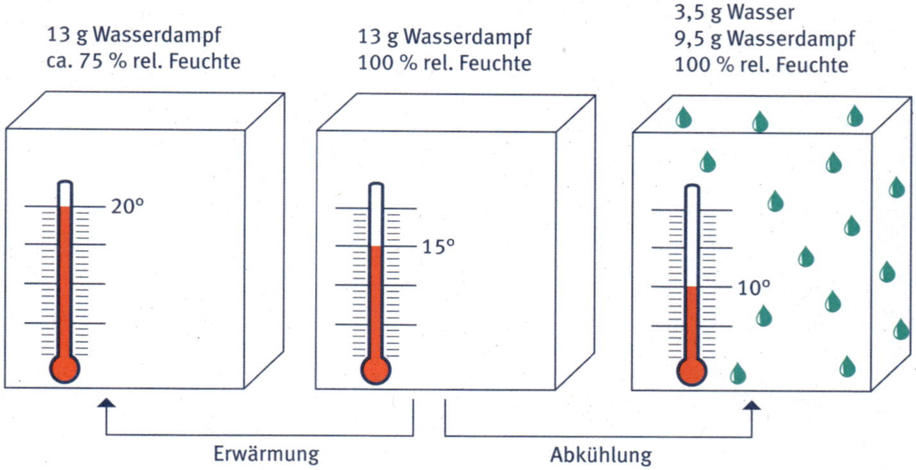

Abb. 2: So verändert sich die Luftfeuchtigkeit bei steigenden und fallenden Temperaturen

GUT ZU WISSEN

Die Luft kann temperaturabhängig nur eine bestimmte Menge an Feuchtigkeit aufnehmen (Abbildungen → Seite 64, 65). Die Feuchtigkeit, die maximal aufgenommen werden kann, wird als **Wasserdampfsättigungsmenge** bezeichnet.

→ TIPP

Stellen Sie in den Wohnräumen Thermohygrometer auf. So fällt es leichter, ein Gefühl für das Verhältnis von Raumluftfeuchte und Temperatur zu bekommen – und dieses zu kontrollieren.

Atmosphärische Luft enthält immer Wasserdampf, der durch die Verdunstung von Wasser entsteht. Durch unterschiedliche Feuchtigkeitsquellen wird der Luft ständig weitere Feuchtigkeit zugeführt. Um zu vermeiden, dass die Wasserdampfsättigungsmenge, also die maximal aufnehmbare Menge an Feuchtigkeit, überschritten wird, muss die relative Luftfeuchtigkeit reduziert werden.

Luftfeuchtigkeit in Innenräumen lässt sich nur durch Lüften, also den Austausch von warmer, feuchter Innenraumluft gegen kältere Außenluft mit **geringerem** Wasserdampfgehalt (= absolute Feuchte) sinnvoll reduzieren. Die kalte Außenluft kann bei Erwärmung mehr Feuchtigkeit aufnehmen als die nach außen strömende, warme Innen-

Abb. 3: Hohe Luftfeuchtigkeit führt zu Kondensat in den Raumecken und somit zu Schimmel

luft. Außerdem trägt das Lüften zu einem angenehmen Raumklima und zur Raumhygiene bei. Eine Erhöhung der Raumtemperatur durch Heizen führt zwar ebenfalls zu einer Verringerung der relativen Luftfeuchtigkeit, dies ist jedoch nur in sehr begrenztem Umfang sinnvoll – irgendwann wird es schlicht zu warm.

Typische Feuchtigkeitsquellen im Haushalt

Ein Vier-Personen-Haushalt produziert durchschnittlich rund 10 bis 15 Kilogramm (kg) Wasser pro Tag. Die häufigsten Feuchtigkeitsquellen und den typischen Feuchtigkeitsanfall zeigt die Tabelle auf S. 66.

Behaglich wohnen

Was ein Mensch als behaglich empfindet, ist individuell unterschiedlich. Es hängt von der körperlichen Verfassung, der Bekleidung und der Tätigkeit ab. Entsprechend unter-

Zusammenstellung der Feuchteabgabe durch Aktivitäten der Raumnutzer oder durch Einrichtungsgegenstände in Räumen bei einer Raumlufttemperatur von 20 °C

FEUCHTEQUELLE	FEUCHTEABGABE PRO STUNDE ODER TAG BZW. PRO M² UND STUNDE
Mensch, leichte Aktivität	30–40 g/h
trocknende Wäsche (4,5 kg Trommel)	geschleudert: 50–200 g/h tropfnass: 100–500 g/h
Kochen/Duschen pro Person	je 270 g/d
Zimmerpflanzen	1–5 g/h*
Wasseroberfläche	offenes Aquarium: ca. 40 g/m²/h ** abgedecktes Aquarium: ca. 2 g/m²/h

* Kann nach Anzahl und Art der Zimmerpflanzen auch deutlich darüber liegen.
** Gramm pro Quadratmeter und Stunde, je nach Umgebungsbedingungen.
Quelle: Schimmelleitfaden des Umweltbundesamtes 2017, S. 56

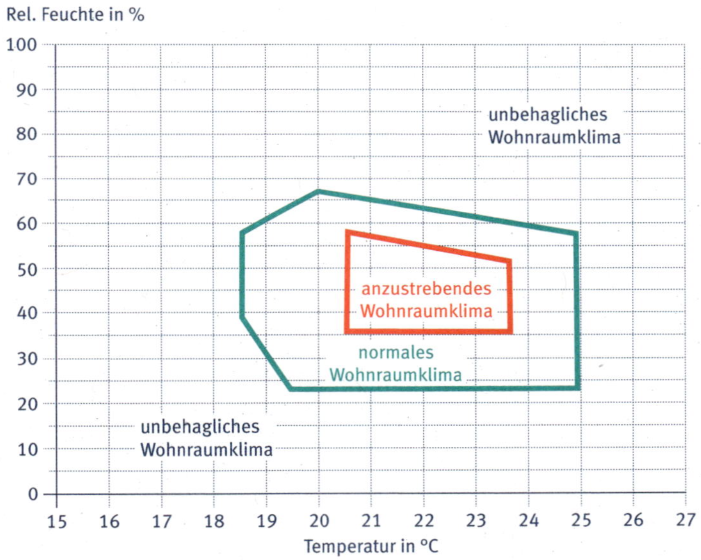

Abb. 4: Behaglichkeitsempfinden in Abhängigkeit von Raumlufttemperatur und relativer Luftfeuchte

schiedlich wird geheizt und gelüftet. Bei einer zu hohen Umgebungstemperatur schwitzt der Körper und gleicht dadurch die Wärme aus. Bei einer kühlen Umgebungstemperatur wird vom Körper Wärme abgegeben – der Mensch friert.

Eine Raumlufttemperatur von circa 20 bis 22 Grad Celsius (°C) und eine relative Luftfeuchte von 45 bis 60 Prozent werden von den meisten Menschen als angenehm empfunden.

Für das Behaglichkeitsempfinden spielen aber noch andere Faktoren eine Rolle: Je größer der Unterschied zwischen der Raumlufttemperatur und der Oberflächentemperatur der umgebenden Wände ist, desto unbehaglicher empfinden Menschen einen Raum (Diagramm → Seite 67). Und auch die Luftbewegung wirkt sich auf das Behaglichkeitsempfinden aus. Diese Faktoren sind häufig abhängig vom Alter des Gebäudes, der damit verbundenen Bauart und der Luftdichtheit des Bauwerks (Fenster, Leckagen).

Bauliche Ursachen für einen Feuchte-/Schimmelschaden

Typische bauliche Ursachen, die zu einer erhöhten Feuchtigkeit und zu einem Schimmelbefall führen können:

→ Wärmebrücken;
  - geometrische Wärmebrücken wie Gebäudeaußenecken und Übergänge der Wände zum Dach;
  - konstruktive oder materialbedingte Wärmebrücken;
→ Bauteile mit unzureichender Wärmedämmung (häufig Kellerräume);
→ innenliegende Räume mit unzureichender Be- und Entlüftung (zum Beispiel innenliegende Bäder);
→ Einbau diffusionsdichter Materialien, die eine Feuchtepufferung in Bauteilen verhindern, zum Beispiel Tapeten (Vinyltapeten, Glasfasertapeten), Farben (mehrmaliges Überstreichen), Kunststoffe, Fliesen und anderes;
→ Neubaufeuchte bei massiv gebauten Häusern;
→ unzureichend luftdichte Konstruktionen und Anschlüsse;
→ Das Eindringen feuchter, warmer Raumluft in Baukonstruktionen kann zu Schimmelbildung führen.
→ aufsteigende Feuchte oder von außen eindringende Feuchtigkeit aufgrund einer unzureichenden Abdichtung der erdberührenden Bauteile oder fehlender Drainage;
→ Undichtheit/Schäden in der Gebäudehülle (Fassade, Dachkonstruktion, Keller).

Abb. 5: Gebäudebereiche mit den häufigsten Feuchtigkeitsschäden

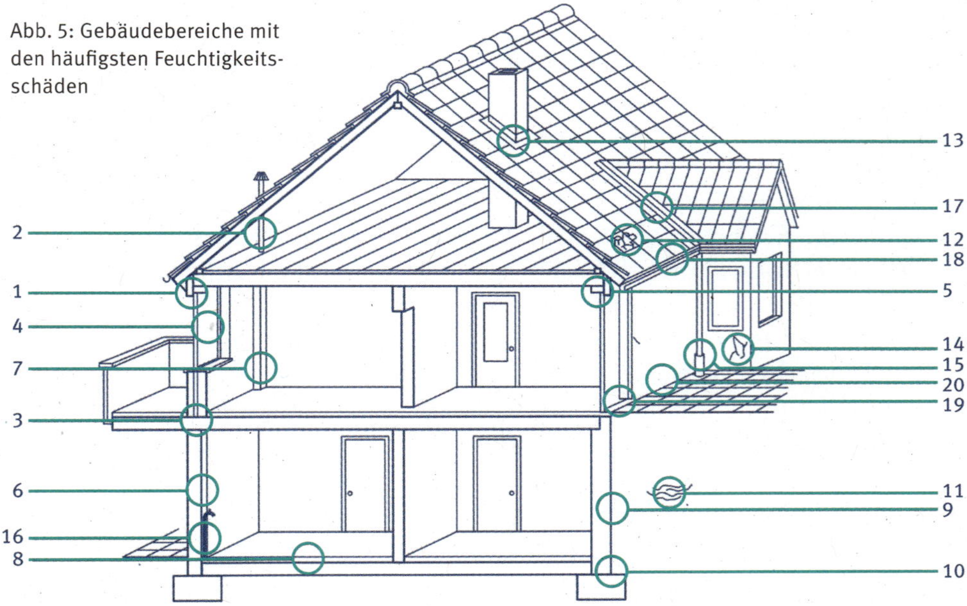

Feuchtigkeit aus der Luft (Kondensatfeuchte):

1 Wärmebrücke Sturz
2 Wärmebrücke Gussrohr
3 Wärmebrücke Betondecke
4 Kondensat an ISO-Glas wegen zu hoher Luftfeuchtigkeit
5 zu geringe Oberflächentemperatur der Wand/Decke wegen unvollständiger Wärmedämmung
6 Tauwasser wegen fehlender Dampfbremse oder wegen Luftbewegung durch das Bauteil
7 ungedämmte Kaltwasserleitung

Feuchtigkeit aus der Erde:

8 Schaden an der horizontalen Abdichtung
9 fehlerhafte vertikale Abdichtung
10 defekte Abdichtung an der Hohlkehle
11 Grundwasseränderung

Feuchtigkeit aus dem Niederschlag:

12 Undichtigkeit in der Dachdeckung
13 defekte Anschlüsse
14 Putz oder Verfugung des Mauerwerks gerissen
15 undichtes/verstopftes Regenfallrohr

Sonstige allgemeine Schäden:

16 undichte Wasserleitungen
17 defekte Kehlen
18 defekte Regenrinnen
19 Undichtigkeiten im Fenster-/Türbereich
20 fehlender Spritzwasserschutz

Aber auch eine energetische Sanierung kann sich negativ auswirken, wenn diese nicht ausreichend geplant wurde und mögliche Auswirkungen unberücksichtigt bleiben, zum Beispiel

- der Einbau neuer, dicht schließender Fenster ohne zusätzliche Dämmmaßnahmen der Bausubstanz und Sicherstellung einer ausreichenden Lüftung.
- der Neu- oder Umbau der Heizungsanlage (geringere Vorlauftemperaturen, Wärmebrücke im Bereich zum ehemaligen Heizraum, der danach möglicherweise kühler ist)
- eine nicht fachgerecht ausgeführte Innendämmung.

Wärmebrücken

Bei kalten Außentemperaturen sinkt in Innenräumen im Bereich von Wärmebrücken die Oberflächentemperatur stärker ab als an anderen Stellen der Bauteile. Die Folge ist eine Tauwasserbildung, wenn die Taupunkttemperatur unterschritten wird und es zu einer hygrothermischen Feuchtigkeitsanreicherung kommt. Diese Feuchtigkeitsanreicherung kann Schimmelbildung verursachen. Wärmebrücken in Außenbauteilen führen außerdem zu einer Erhöhung des Gesamtwärmeverlustes und des Energieverbrauchs eines Gebäudes.

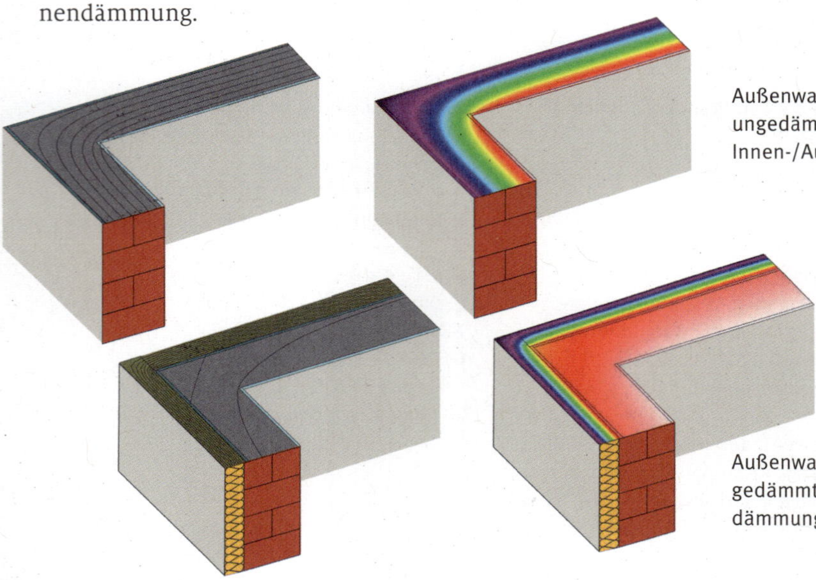

Außenwandecke – ungedämmt (Mauerwerk, Innen-/Außenputz)

Außenwandecke – gedämmt (14 cm Außendämmung)

Abb. 6: Außenwandecken sind typische geometrische Wärmebrücken

Wärmebrücken mit einem zu hohen Wärmeverlust haben verschiedene Ursachen. Bei neueren Gebäuden entstehen Wärmebrücken mit erhöhtem Wärmeverlust häufig durch Verarbeitungsfehler. Bei älteren Gebäuden können Wärmebrücken aber auch auf den Stand der Technik zum Ausführungszeitraum bzw. von Instandsetzungsarbeiten zurückzuführen sein. Vor allem Gebäude aus den 1950er-Jahren weisen oft stark ausgeprägte Wärmebrücken auf.

Es wird zwischen zwei Arten von Wärmebrücken unterschieden:

→ **Geometrische Wärmebrücken** haben aufgrund ihrer Geometrie außen eine größere Fläche als innen. Das ist zum Beispiel bei Gebäudeaußenecken der Fall. Je größer die Oberfläche außen im Vergleich zur Fläche innen ist, desto mehr Wärme kann abgeleitet werden. Deshalb ist die Wärmeabgabe im Bereich von geometrischen Wärmebrücken größer als auf anderen Wandoberflächen gleicher Bauart. Hinzu kommt, dass im Eckbereich die Luftzirkulation eingeschränkt ist. Deshalb weist die dortige Oberfläche eine geringere Temperatur auf als die restliche Wandoberfläche. Die Folge: Warme Raumluft wird abgekühlt und Feuchtigkeit durch Kondensation tritt auf der Wandoberfläche auf.

→ **Konstruktive Wärmebrücken** resultieren aus Konstruktionen, in denen Materialien verbaut sind, die Wärme schneller ableiten als die umgebende Konstruktion. Das ist zum Beispiel bei älteren Gebäuden der Fall, wenn die Betondecke von außen nicht oder unzureichend gedämmt ist, oder wenn Balkonbodenplatten direkt mit der Betonbodenplatte verbunden sind. Konstruktive Wärmebrücken sind häufig von außen sichtbar, zum Beispiel durch farbliche Veränderungen an der Fassade.

Im Bereich von Wärmebrücken, zum Beispiel an Gebäudeaußenecken, zeigt sich ein Schimmelbefall meist trichterförmig, aber auch flächig. Einrichtungsgegenstände, die vor der Außenwand platziert sind, können diese Effekte noch verstärken, da sie die Luft- und die Heizwärmezirkulation behindern.

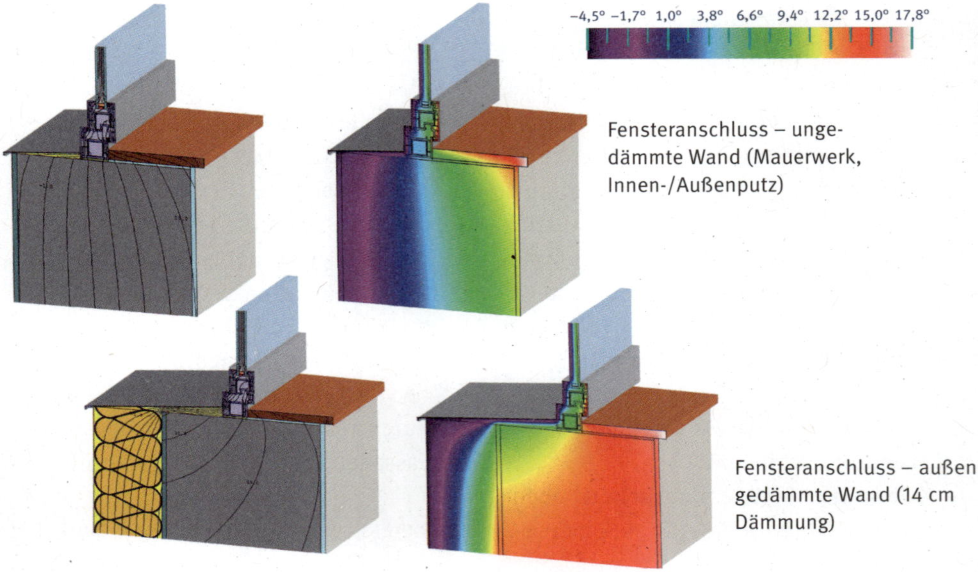

Abb. 7: Konstruktive Wärmebrücken ergeben sich an Anschlüssen oder Durchdringungen von Bauteilen

Verursacht wird der Schimmelbefall dadurch, dass warme, feuchte Raumluft auf der kälteren Wandoberfläche kondensiert oder diese durchfeuchtet. Dieser Effekt tritt vor allem im Herbst/Winter auf, unter ungünstigen Bedingungen aber auch in der wärmeren Jahreszeit, zum Beispiel über nicht gedämmten Kellern oder Tiefgaragen. Schimmel im Bereich von Wärmebrücken lässt sich nicht immer durch vermehrtes Lüften und Heizen vermeiden.

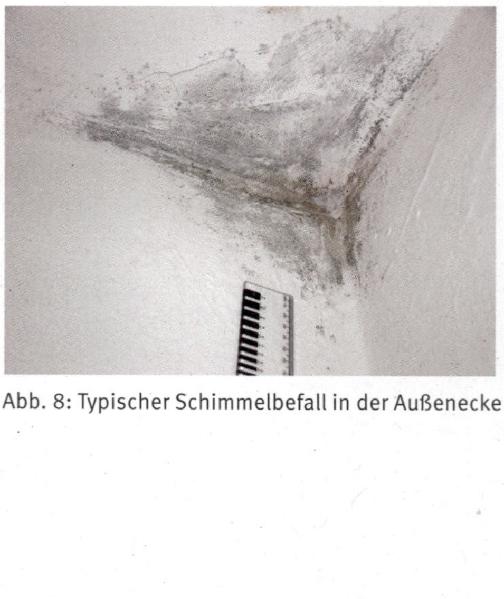

Abb. 8: Typischer Schimmelbefall in der Außenecke

Häufig sind bautechnische Maßnahmen erforderlich, um das Problem zu beheben.

Am effektivsten ist eine Fassadendämmung. Dadurch lassen sich Wärmebrücken so weit reduzieren, dass Schimmelschäden vermieden werden. **Auch eine Innendämmung kann helfen, Wärmebrücken zu verringern. Sie ist aber immer nur die zweitbeste Wahl, da sie konstruktiv aufwendiger ist. Eine Außendämmung ist, wenn möglich, vorzuziehen.**

→ TIPP

In Souterrainwohnungen und Kellerräumen sind erdberührende Wandoberflächen im Sommer kälter als die Raumlufttemperatur und somit anfällig für Kondensation.
Solche Räume sollten daher im Sommer nur dann gelüftet werden, wenn die Außenluft weniger Wasserdampf enthält als die Innenluft. Das ist oft nachts bei kühleren Außentemperaturen der Fall. Abhilfe kann oft nur eine technische Reduzierung der Luftfeuchtigkeit, zum Beispiel durch eine Lüftungsanlage, schaffen.

Mindesttemperaturen an Innenoberflächen

Wärmebrücken erhöhen den Energieverbrauch eines Gebäudes und sorgen für erhöhte Heizkosten. Im Bereich von Wärmebrücken kann die Oberflächentemperatur der Innenwand im Winter so weit absinken, dass die Bewohnerinnen und Bewohner glauben, einen unangenehmen Luftzug zu spüren. Grund für dieses Gefühl ist jedoch meist die kälteabstrahlende Innenwandoberfläche und die niedrige Lufttemperatur in diesem Bereich. Die kälteren Innenwandoberflächen führen außerdem zu einem Abkühlen der Raumluft auf der Wandoberfläche. Dadurch kann sich Kondensat (Tauwasser) bilden, zumindest aber eine erhöhte Feuchtigkeit.

Nach den Vorschriften des Gebäudeenergiegesetzes (GEG) müssen Gebäude so gebaut werden, dass konstruktive Wärmebrücken möglichst wenig Einfluss auf den Heizenergieverbrauch haben. Um Schimmel vorzubeugen, sind Wärmebrücken schon bei der Planung zu vermeiden. Wo sie sich nicht verhindern lassen, sollen sie so geplant werden, dass die Temperatur an der Innenoberfläche im kritischen Bereich mindestens 12,6 °C aufweist (vgl. DIN 4108-2 „Wärmeschutz und Energie-Einsparung in Gebäuden – Teil 2: Mindestanforderungen an den Wärmeschutz" 2013). Oberflächentemperaturen unter 12,6 °C sind bei normalen raumklimatischen Verhältnissen kritisch und sollten vermieden werden.

Die Mindesttemperatur von 12,6 °C ist für die „sogenannten Normrandbedingungen" bei einer Außentemperatur von -5 °C und einer Raumlufttemperatur von 20 °C zu erreichen. Bei einer Raumluftfeuchtigkeit von max. 50 Prozent entsteht bei diesen Parametern kein schädliches Kondensat.

DIN-Normen werden meist in größeren Zeitabschnitten überarbeitet. Mit der Herausgabe der aktualisierten Norm wird ihre Gültigkeit festgelegt. Gebäude, die vor diesem Termin erstellt wurden, müssen hier der entsprechenden vorausgehenden DIN 4108-2 zugeordnet werden. Werden relevante Renovierungs- oder Sanierungsarbeiten in dem Gebäude vorgenommen, so gilt für das Gebäude die DIN 4108-2, die zum Zeitpunkt des Abschlusses dieser Maßnahme gültig ist.

Eine andere Beurteilung, wie hoch die Schimmelgefahr an Wärmebrücken ist, kann mit einem Berechnungsverfahren gemäß DIN 4108-2 ermittelt werden. Damit lässt sich der Temperaturfaktor f_{Rsi} bestimmen. Die Berechnung des Temperaturfaktors erfolgt nach folgender Gleichung:

$$f_{Rsi} = \theta_{Si} - \theta_e / \theta_i - \theta_e$$

f_{Rsi} = Temperaturfaktor
θ_{Si} = Oberflächentemperatur Raumseite
θ_e = Außenlufttemperatur
θ_i = Innenlufttemperatur

Der Temperaturfaktor sollte an der ungünstigsten Stelle mindestens 0,7 betragen. Liegt er unter 0,7, sind die Voraussetzungen für den Mindestwärmeschutz nicht erfüllt.

Anhand der erfassten Temperaturparameter an Wärmebrücken lassen sich Isothermen berechnen. Isothermen sind Linien gleicher Temperatur. Sie ermöglichen eine grafische Darstellung der Temperaturverteilung eines Bauteils oder im Übergang verschiedener Bauteile. Auf der Grundlage des Isothermenverlaufs können Fachleute Temperaturunterschiede und Wärmeströme im Bauteil ermitteln.

Der Einfluss von Wärmebrücken in einer Baukonstruktion muss nicht nur bei der Planung eines Neubaus berücksichtigt werden. Er ist auch bei der Begutachtung eines Schadens wichtig.

Der Einbau neuer Fenster

Ältere Gebäude weisen aufgrund von Undichtheiten in der Gebäudehülle meist eine hohe Luftwechselrate auf, wodurch es zu einem hohen Energieverlust kommt. Unzureichendes Lüften macht sich dadurch nicht sofort durch Schimmelbildung bemerkbar. Problematisch wird es erst, wenn in solchen Gebäuden neue und dichtere Fenster luftdicht in die Wand eingebaut werden. Denn das hat zur Folge, dass sich der bauliche

Luftaustausch stark reduziert. Kann das Lüftungsverhalten nach dieser Sanierung nicht an die neue Situation angepasst werden, führt das oft zu einer Erhöhung der relativen Luftfeuchte im Gebäude. Gerade bei älteren, schlecht gedämmten Gebäuden kommt es dann häufig zu Feuchteproblemen. Denn bisher waren die alten Fenster das kälteste Bauteil im Raum. Auf den kalten Scheiben bildete sich als erstes Tauwasser. So war leicht zu erkennen, wann es Zeit zum Lüften war. Bei neuen, besser gedämmten Fenstern fehlt dieser optische Hinweis, da sich auf den Scheiben kein oder nur wenig Kondensat bildet. Der kälteste Bereich im Raum ist nun meist die Außenecke des Gebäudes oder der Anschluss der Decke zur Wand. Das hat zur Folge, dass die feuchte Luft nicht mehr wie früher zuerst auf den kalten Fensterscheiben kondensiert, sondern an diesen Wärmebrücken – und Schimmel entsteht.

Daher sollte eine anstehende Gebäudesanierung immer in der Gesamtheit betrachtet werden. In der Regel gilt: Je älter das Gebäude, desto wichtiger ist die Berücksichtigung des Wärmeschutzes. Um nach dem Austausch der Fenster Schimmelbildung zu vermeiden, sollte auch geprüft werden, ob gleichzeitig eine Fassadendämmung notwendig ist. Denn bei stark ausgeprägten Wärmebrücken reicht verstärktes Heizen und Lüften allein in aller Regel nicht aus. Um Schimmel zu vermeiden, muss bei der Planung ein Lüftungskonzept erstellt werden, zum Beispiel nach DIN 1946, Teil 6.

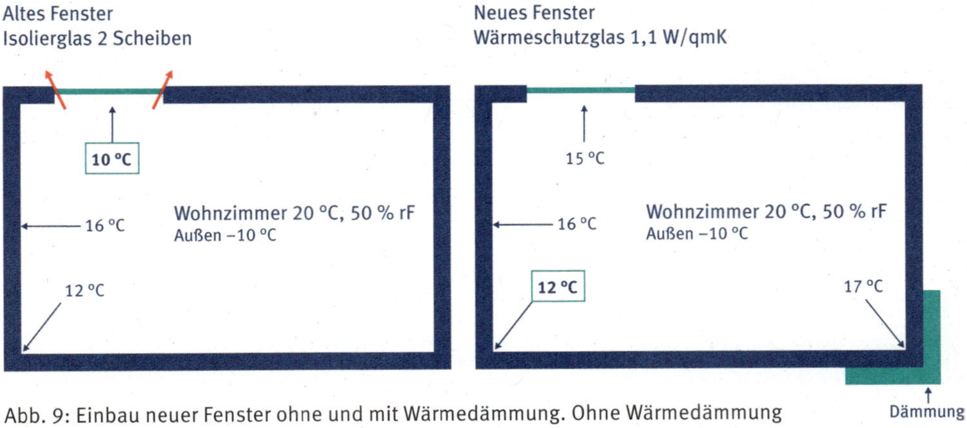

Abb. 9: Einbau neuer Fenster ohne und mit Wärmedämmung. Ohne Wärmedämmung werden die Außenecken zur kältesten Stelle im Raum, Feuchte kondensiert hier in der kalten Jahreszeit und es kommt zu einem Schimmelbefall

Die Innendämmung

Eine Innendämmung muss immer sorgfältig geplant und fachgerecht ausgeführt werden, damit später keine Schäden entstehen. Zur Innendämmung steht eine Vielzahl von unterschiedlichen Wärmedämmstoffen zur Verfügung. Jeder hat typische bauphysikalische Eigenschaften. Unterschieden wird zwischen diffusionsdichten, diffusionshemmenden und kapillaraktiven Innendämmungen. Innendämmsysteme müssen zu dem zu dämmenden Wandaufbau passen und sorgfältig mit vorhandenen Wärmebrücken abgestimmt sein. Andernfalls kann es passieren, dass sich innerhalb der Konstruktion Feuchtigkeit ansammelt – mit schädlichen Folgen.

Vor dem Anbringen einer Innendämmung bedarf es unter anderem einer gründlichen Analyse und Überprüfung des Zustandes der Gebäude- und Außenwandkonstruktion, einbindender Innenwand-, Fußboden- und Deckenkonstruktionen und des Schlagregenschutzes. Kann unter Berücksichtigung der hygrothermischen bauphysikalischen Veränderungen und Nachweisverfahren bedenkenlos eine Innendämmung angebracht werden, sollten bei der Ausführung folgende Grundsätze beachtet werden:

- Hinter der Dämmung darf keine feuchtwarme Raumluft auf die kalte Außenwand geraten. Andernfalls können sich große Mengen Tauwasser bilden und Schäden verursachen.
- Bei einer kapillaraktiven Innendämmung muss der Dämmstoff vollflächig mit dem Klebemörtel auf dem Untergrund verklebt sein, um den kapillaren Tauwassertransport sicherzustellen. Die Dämmstoffe werden am besten vollflächig, ohne Hohlräume mit einem systemkonformen Klebemörtel in der vorgeschriebenen Schichtdicke direkt auf dem rohen, kapillarleitfähigen verputzten Mauerwerk verklebt. Bei kapillaraktiven Innendämmsystemen, zum Beispiel Kalziumsilikatplatten, ist darauf zu achten, dass raumseitig und an der Fassade keine diffusionsdichten Beschichtungen oder Verkleidungen angebracht werden. Nur so können zulässige Tauwasseransammlungen nach innen und außen abtrocknen, ohne Schäden zu verursachen. Das sollte auch bei späteren Instandhaltungsarbeiten und Renovierungen berücksichtigt werden.
- Sämtliche Anschlüsse an Böden, Innenwänden, Decken, Fenstern, Fensterbänken und Türen müssen so gestaltet werden, dass sie dauerhaft luft- und diffusionsdicht sind.
- Elektroinstallationen, Steckdosen, Lichtschalter und sonstige Montagen, die die Dämmschicht durchdringen,

müssen ebenfalls dauerhaft luft- und diffusionsdicht eingebaut werden.

- Alte Putze aus Gips, die sich nicht mit dem System vertragen, und nicht tragfeste Putzuntergründe müssen entfernt werden.
- Die Dämmplatten müssen dicht gestoßen angebracht werden. Offene Fugen müssen mit Dämmmaterial geschlossen werden.
- Um an Wärmebrücken Wärmeverluste und möglicherweise dadurch verursachte Folgeschäden zu vermeiden, sind in Raumecken, an einbindenden Innenwänden (das sind, vereinfacht ausgedrückt, Innenwände, die mit der Außenwand verzahnt sind) und Geschossdecken systemkonforme, ausreichend dimensionierte Dämmplatten oder Dämmkeile anzubringen.
- Dämmstoffanschlüsse an Fußböden sollten bis zum Estrich geführt werden.

Wärmebrückeneffekte bei Innendämmungen

Die Innendämmung an der Außenwand wird bedingt durch die Decke, den Boden und die Zimmertrennwände unterbrochen. In diesen Bereichen sind ausreichend dimensionierte Dämmkeile anzubringen. Ansonsten kann es am Randbereich der Innendämmung, auf der angrenzenden kalten einbindenden Wand- und Deckenoberfläche, zu einem erneuten Schimmelbefall kommen.

- Bei Fenstern und Türen in der Außenwand stellen die Laibungsbereiche bis zum Anschluss an die Wandöffnungen Wärmebrücken dar. Sie müssen grundsätzlich mit sogenannten Laibungsdämmstoffen in die Innendämmebene einbezogen werden, um Feuchte-/Schimmelschäden zu vermeiden.
- Innendämmungen an den Außenwänden sind durchgehend anzubringen. Unterbrechungen durch Einbaumöbel, Badinstallationen und anderes behindern die Funktionalität der Innendämmung und stellen ein Risiko für Feuchte-/Schimmelschäden dar.
- Berechnungen zu Innendämmungen bei einbindenden Innenwänden und Decken müssen auch angrenzende Räume berücksichtigen. Nur unter Berücksichtigung des gesamten Wandaufbaus können diese aufzeigen, ob dampfdiffusionsdichte, dampfdiffusionshemmende oder kapillaraktive Innendämmungen die bessere Wahl für den jeweiligen Wandaufbau sind.

HINTERGRUND

Auswirkungen einer Innendämmung:

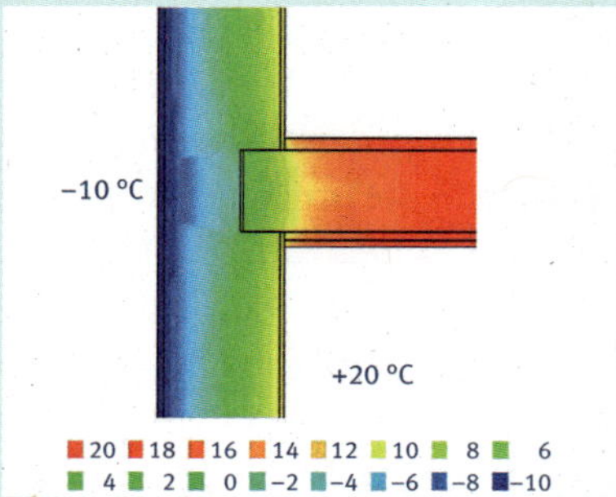

Ungedämmte Bestandskonstruktion einer einbindenden Holzbalkendecke in einer Ziegelaußenwand mit einer Luftschicht von 1 cm in der Auflagetasche zwischen Balkenkopf und Vormauerung

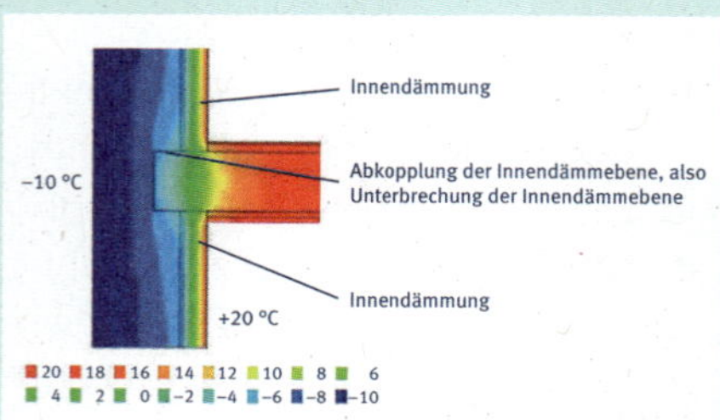

Gleiche Holzbalkendecke mit 10 cm Innendämmung WLG 040, die eine deutliche Temperaturabsenkung in der luftumspülten Auflagetasche des Balkenkopfes bewirkt und das Risiko einer gegebenenfalls schädlichen Tauwasserbildung erhöht

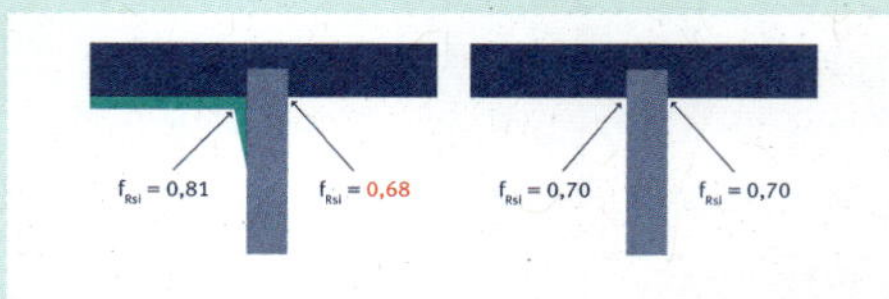

Weil Wärmeverluste an Wärmebrücken analog dem Wärmebrückenverlustkoeffizienten Ψ [W/(m K)] längenabhängig sind, ist bei der Anbringung von Dämmkeilen oder Dämmplatten darauf zu achten, dass deren Breiten ausreichend bemessen sind. Breiten bis 50 cm sind in der Praxis in der Regel ausreichend, um Unterschreitungen des Temperaturfaktors von 0,7 mit schimmelgefährdeten Oberflächentemperaturen unter 12,6 °C zu vermeiden.

Eine Innendämmung **ohne** Berücksichtigung von rechnerischen Nachweisen gemäß DIN 4108 oder Nachweisen nach den WTA-Merkblättern sollte nicht bedenkenlos eingebaut werden. Auch die Verwendung eines kapillaraktiven Dämmstoffsystems oder eines anderen, von Herstellern angepriesenen Dämmstoffsystems garantiert keine sichere Funktion, auch wenn manche Produktbeschreibungen das Gegenteil suggerieren.

Nach dem Anbringen einer Innendämmung ist es grundsätzlich erforderlich, das Nutzungsverhalten zu ändern: Sie dürfen zum Beispiel keine großen Möbel und Möbel ohne Hinterlüftung vor der Innendämmung aufstellen. Sonst besteht die Gefahr, dass sich der Taupunkt weiter zur Wandinnenseite verlagert, was zu einem Schimmelbefall auf der Innendämmung führen kann. Auch bei neuen Anstrichen ist Vorsicht geboten. Beachten Sie unbedingt die Empfehlungen der Hersteller.

> **GUT ZU WISSEN**
>
> **Möbel mit Hinterlüftung** erlauben eine Luftzirkulation auf der Rückseite. Sie stehen zum Beispiel auf Füßen, reichen nicht bis zur Decke oder sind mit ausreichend Abstand zur Wand platziert.

Feuchtigkeit in Neubauten

Beim herkömmlichen Bau eines massiven Gebäudes werden erhebliche Mengen Wasser verbraucht (mehr als circa 60 Liter pro Quadratmeter). Je nach Größe des Gebäudes und den verwendeten Baumaterialien sind in einem Neubau mehrere 1.000 Liter Wasser verbaut. In der Regel dauert es zwei bis drei Jahre, bis die massiven Bauteile abgetrocknet sind und das gesamte Haus eine normale Feuchtigkeit (Ausgleichsfeuchte) aufweist. In dieser Zeit muss intensiver gelüftet und geheizt werden als bei einem bestehenden Gebäude.

Abb. 10: Holzfaserplatten mit Schimmelbefall

Schimmelbefall entsteht bei Neubaufeuchte vorzugsweise hinter Fußleisten und Möbeln, die direkt an der Wand (Außen- und Innenwand) aufgestellt sind. Durch die Möblierung wird die Baufeuchte nicht vollständig abgeführt, es kann zu einem Feuchtestau und Schimmelbildung kommen. Bei Einbaumöbeln ist besondere Vorsicht geboten.

Im Dachbereich werden heutzutage häufig Holzfaserplatten oder Gipskartonplatten eingebaut. Diese reagieren empfindlich auf eine hohe Feuchtigkeit, wie sie zum Beispiel nach der Verlegung von Estrichen oder dem Verputzen von Wänden bei unzureichender Trocknung auftritt, sodass die Platten von Schimmel befallen werden. Nicht immer werden die Baustoffe während der Bauphase ausreichend trocken gelagert. So kommt es vor, dass bereits mikrobiell befallene Baustoffe verbaut werden.

Um Schimmelbefall zu vermeiden, kann es erforderlich sein, die Räume in der Bauphase vor dem Erstbezug technisch zu trocknen. In den ersten Jahren nach Einzug sollte die Raumluftfeuchtigkeit regelmäßig kontrolliert und gegebenenfalls vermehrt gelüftet werden.

Idealerweise übernimmt das die Wohnungslüftungsanlage.

So verursachen Bewohnende erhöhte Feuchtigkeit

Wäsche trocknen in der Wohnung, häufiges Duschen und Kochen, übermäßig viele Pflanzen, Aquarien oder eine Überbelegung der Wohnung können zu einer erhöhten Feuchtigkeit der Raumluft führen. Wird die in der Luft enthaltene Feuchtigkeitsmenge größer als die Sättigungsmenge, bildet sich Kondensat. Das passiert auch, wenn sich warme, feuchte Luft an kalten Außenwänden oder Wärmebrücken abkühlt. Um einen Feuchte-/Schimmelschaden zu vermeiden, muss daher die Feuchtigkeit durch regelmäßiges und ausreichendes Lüften oder mithilfe einer mechanischen Lüftungsanlage abtransportiert werden. Beispiele für nutzungsbedingte Ursachen sind

- → eine erhöhte Feuchteproduktion durch Wäschetrocknen in der Wohnung, Duschen, Baden, Kochen, aufgestellte Aquarien, einen hohen Pflanzenbestand in den Wohnräumen und den Einsatz von Luftbefeuchtern;
- → nicht ausreichendes Heizen und Lüften;
- → das Aufstellen von Möbeln und anderen Einrichtungsgegenständen vor schlecht gedämmten Außenwänden;
- → die Umnutzung von Räumen, zum Beispiel von Keller- zu Wohnräumen, mit unzureichendem Lüften und Heizen; Werden ungeeignete Kellerräume als Wohnräume genutzt, können sich auch holzzerstörende Pilze bilden
- → ein mehrfaches Überarbeiten (zum Beispiel Streichen, Tapezieren) von Wandoberflächen;
- → das Überarbeiten/Beschichten von Wandoberflächen mit diffusionsdichten Materialien (zum Beispiel Latexfarben, Vinyltapeten, Kunststoffen, Fliesen);
- → eine Überbelegung der Wohnung, also wenn zu viele Menschen in den Räumen leben.

Abb. 11: Schimmelbefall am Holzrahmen eines Dachflächenfensters

Abb. 12: Wäsche trocknen in der Wohnung führt zu einer hohen Feuchtigkeitsbelastung

Abb. 13: Werden ungeeignete Kellerräume als Wohnräume genutzt, können sich auch holzzerstörende Pilze bilden

Abb. 14: Kondensat am Fenster, Teppichboden mit Schimmelbefall

→ TIPP

Passen Bewohnerinnen und Bewohner ihr Nutzungsverhalten nicht an das Bauwerk an, kann das zu einem Feuchte-/Schimmelschaden führen. Doch in aller Regel kennen Mietparteien nicht die konkreten baulichen Gegebenheiten eines gemieteten Objektes. Sie müssen daher entsprechende Hinweise bekommen und über das richtige Nutzungsverhalten aufgeklärt werden. Ein allgemeines Merkblatt zum richtigen Heizen und Lüften reicht dafür nicht aus, hier werden Hinweise für die konkrete Wohnsituation benötigt. Unabhängige Beratungsstellen können hierbei unterstützen. Die Verbraucherzentrale bietet hierzu verschiedene Hilfen und Beratungsangebote an: https://verbraucherzentrale-energieberatung.de/beratung/

Richtiges Lüften

Um die feuchte Luft aus den Innenräumen abzutransportieren, sollte mehrmals täglich kurz gelüftet werden. Die erforderliche Lüftungszeit hängt von der Differenz der Raumlufttemperatur zur Außentemperatur ab. Je größer der Temperaturunterschied, desto schneller findet der Luftaustausch statt. In der Regel reichen jeweils fünf bis zehn Minuten Lüften aus. Beim Lüften sollten die Fenster vollständig geöffnet werden, eine Kippstellung bringt für den schnellen Feuchteabtransport wenig. Die Querlüftung, bei der gegenüberliegende Fenster oder Türen weit geöffnet werden, ist besonders effektiv.

→ TIPP

Stellen Sie Thermohygrometer zur Eigenkontrolle auf. Die Geräte informieren durch Licht oder akustische Signale, wann die Luftfeuchtigkeit so stark angestiegen ist, dass gelüftet werden muss.

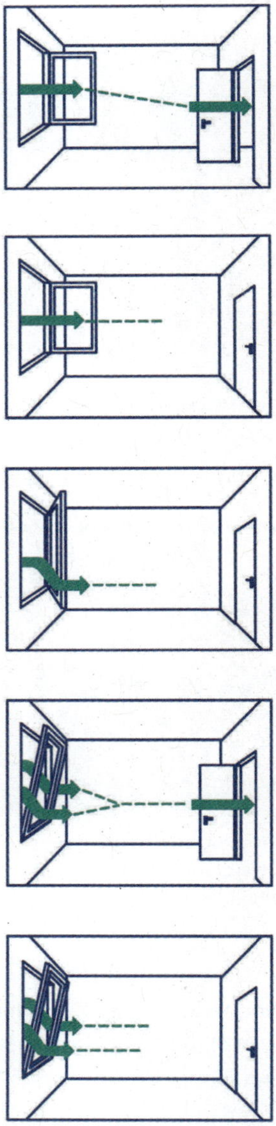

Querlüftung (Fenster ganz offen), 1 bis 5 Minuten

Stoßlüftung (Fenster ganz offen), 5 bis 10 Minuten

Fenster halb offen, 10 bis 15 Minuten

Querlüftung (Fenster gekippt), 15 bis 30 Minuten

Fenster gekippt, 30 bis 60 Minuten

Abb. 15: Wirkung der natürlichen Belüftung

Feste Lüftungszeiten, wie sie teilweise gefordert werden (zum Beispiel morgens, mittags und abends), lassen sich von Berufstätigen häufig nicht umsetzen. Sie sind auch nicht zwingend erforderlich. Wichtig ist, dass ausreichend gelüftet wird. Die relative Luftfeuchtigkeit sollte insbesondere in der kalten Jahreszeit max. 50 Prozent betragen.

In Räumen, in denen besonders viel Feuchtigkeit produziert wird, sollte diese unverzüglich abtransportiert werden:

- in der Küche beim Kochen über eine Dunstabzugshaube (Abluftanlage) oder direkt über Fensterlüftung;
- im Bad nach dem Duschen oder Baden durch sofortiges Lüften. Achten Sie darauf, dass feuchte Luft aus dem Bad nicht in andere Wohnräume gelangt, indem Sie die Badezimmertür während des Duschens und bis nach dem Lüften geschlossen halten.

Abb. 16: Schimmelbefall an der Fassade durch Dauerkippstellung der Fenster

- Kondensat, das sich nach dem Duschen auf den Wänden und am Boden bildet, sollte abgetrocknet werden, um einen Schimmelbefall, insbesondere in den Fliesenfugen, zu vermeiden.

Luftwechselrate: Austausch der Raumluft

Die Luftwechselrate oder die Luftwechselzahl beschreibt den quantitativen Luftaustausch (Luftwechselrate n) zwischen Raumluft und Außenluft. Der Zahlenwert gibt an, wie viel Luft eines Raumvolumens in einer bestimmten Zeit ausgetauscht wird. Eine Luftwechselzahl von 1 bedeutet zum Beispiel, dass die Luft eines Raumes innerhalb von einer Stunde einmal komplett ausgetauscht wird (Luftwechselrate n = 1 oder 1 h^{-1}). Wird in einer Stunde die Hälfte der Raumluft ausgetauscht, beträgt die Luftwechselrate 0,5 oder 0,5 h^{-1}. Bei einem vollständig geöffneten Fenster liegt die Luftwechselrate bei circa 40 h^{-1}, bei einer Kipplüftung hingegen nur bei einem Bruchteil davon (circa 0,3 bis 4,0 h^{-1}). Somit erfolgt der Luftaustausch bei geöffnetem Fenster rund 10-mal schneller als bei einer Kipplüftung.

Die Luftwechselrate in bewohnten Räumen sollte bei circa 0,4 bis 0,8 Mal pro Stunde liegen. Das bedeutet, dass die Raumluft alle 75 bis 150 Minuten ausgewechselt wird.

GUT ZU WISSEN

Tipps zum richtigen Lüften

- Alle Räume je nach anfallender Feuchtigkeit ausreichend lüften.
- Es sollte regelmäßig, mindestens jedoch zweimal bis dreimal täglich für fünf bis zehn Minuten gelüftet werden.
- Am effektivsten ist eine Querlüftung.
- Beim Lüften die Fenster weit öffnen (Stoßlüftung), um anfallende Feuchtigkeit schnell loszuwerden. Eine Kippstellung der Fenster ist dafür nicht ausreichend.
- Dauerkippstellung der Fenster in der Heizperiode vermeiden.
- Bei Neubauten (Baufeuchte) länger und häufiger lüften.

Raumlufttechnische Anlagen und Wohnungslüftungsanlagen

Lüftungsanlagen unterstützen den Luftaustausch in der Wohnung, wenn diese manuell nicht ausreichend gelüftet werden kann. Es gibt verschiedene Systeme, die im Folgenden kurz vorgestellt werden.

Abluftanlage (Ventilator)

In Wohnbereichen, die nicht ausreichend gelüftet werden können, sollte zur Unterstützung zumindest eine Abluftanlage (Ventilator) eingebaut werden. Abluftsysteme kommen zum Beispiel in innen liegenden WCs, Bädern, Speisekammern, Waschküchen und Küchen zum Einsatz. Ein Ventilator saugt dort die belastete Luft ab. Ein Filter in der Abluftöffnung schützt die Anlage vor Verschmutzung. Ventilator und Filter müssen regelmäßig gewartet werden. Bei einer Entlüftung mittels Abluftventilator sind eine ausreichende Nachströmöffnung und Zuluftmenge sicherzustellen.

Abb. 17: Nicht gewarteter Ventilator in einem innen liegenden Bad

Abluftanlagen werden vorzugsweise in Wohnräumen mit großem Feuchteanfall eingesetzt. Sie lassen sich nach Bedarf einschalten. Abluftventilatoren unterscheiden sich wie folgt:

- → Hygrostatische Anlagen schalten sich in Abhängigkeit von der vorhandenen Luftfeuchtigkeit ein.
- → Zeitgesteuerte Anlagen sind häufig an den Lichtschalter gekoppelt. Mit Betätigung des Schalters werden sie ein- und ausgeschaltet.
- → Zeitgesteuerte Anlagen mit Nachlaufzeit oder Einschaltverzögerung sind meist ebenfalls an den Lichtschalter gekoppelt, möglich ist auch eine Steuerung per Bewegungsmelder oder Funk.

Dezentrale Zu- und Abluftanlage

Dezentrale Zu- und Abluftanlagen haben den Vorteil, dass sie leichter nachträglich eingebaut werden können und keine Leitungsführung benötigen. Sie werden meist paarweise betrieben und eignen sich auch für Räume, die aufgrund von Lärm (zum Beispiel an viel befahrenen Straßen) nicht ausreichend gelüftet werden können. Für eine Zu- und Abluftanlage sind mindestens ein Mauerwerksdurchbruch (Kernbohrung) und jeweils ein Stromanschluss pro Lüftungsgerät notwendig. Die Wartung ist ohne großen Aufwand möglich.

Zentrale Zu- und Abluftanlage

Zentrale Zu- und Abluftanlagen benötigen jeweils eine Leitungsführungen für die Zu- und die Abluft sowie ein zentrales Lüftungsgerät für ein oder mehrere Wohneinheiten.

Zu- und Abluftsysteme können mit oder ohne Wärmerückgewinnung ausgeführt werden. Bei Lüftungsanlagen mit Wärmerückgewinnung wird eine konstante Außenluftmenge über einen Filter angesaugt. Die Luftmengen können über Sensoren gesteuert werden, beispielsweise in Abhängigkeit von der Temperatur, dem CO_2-Gehalt oder der vorhandenen Luftfeuchtigkeit. Aus den Wohnräumen wird belastete, feuchte Raumluft abgesaugt. Dabei wird die in der Abluft enthaltene Wärmeenergie genutzt und die Zuluft bereits vorgeheizt. Zentrale Zu- und Abluftanlagen steuern den erforderlichen Luftaustausch unabhängig von den Witterungsverhältnissen und können im Sommer bei Hitze durch einen Bypass unter Umgehung der Wärmerückgewinnung auch gut zur nächtlichen Kühlung beitragen.

→ TIPP

Sind Lüftungsanlagen in Betrieb, sollten Sie nicht gleichzeitig die Fenster öffnen. Sonst steigt der Energieverbrauch an, und die Lüftungswirkung wird beeinträchtigt.

GUT ZU WISSEN

Die VDI-Richtlinie 6022 „Hygieneanforderungen an raumlufttechnische Anlagen und Geräte“ beschreibt die fachgerechte Planung und den Betrieb von Lüftungsanlagen aus hygienischer Sicht, zum Beispiel, an welchem Ort die Frischluftzuführung oder die Abluftöffnungen eingebaut werden sollen oder wie die Leitungen gereinigt und die Filter gewartet werden.

Damit eine Wohnungslüftungsanlage optimal funktioniert, muss Folgendes beachtet werden:

→ Die Anlage muss richtig programmiert/eingestellt und auf die Nutzungsbedingungen einreguliert werden.
→ Die Nutzerinnen und Nutzer müssen eine Einweisung in den Gebrauch der Anlage erhalten.
→ Es sollte eine verständliche Bedienungsanleitung vorhanden sein.
→ Die Anlage muss kontinuierlich gewartet werden. Die Filter sind regelmäßig zu wechseln.
→ In den Luftleitungen darf keine Kondensationsfeuchte auftreten.
→ Es ist darauf zu achten, dass sich an Luftleitungen und Oberflächen, die mit der Luft in Berührung kommen, kein Staub ablagert.

Eine Lüftungsanlage muss so geplant, ausgeführt, eingebaut und gewartet werden, dass sie dauerhaft in einem sauberen Zustand betrieben werden kann. Dazu gehören ausreichende Wartungsöffnungen sowie ein Schutz der Lüftungsleitungen vor Staub und Schmutz. Die Filter sollten aus hygienischen Gründen, abhängig von der Luftbelastung (innen/außen), nach drei bis sechs Monaten gewechselt werden, spätestens jedoch nach einem Jahr.

Richtiges Heizen

Für ein behagliches Wohnraumklima sollten Wohnräume kontinuierlich beheizt werden. Dafür muss das Thermostat zum Beispiel am Heizkörper auf die gewünschte Temperatur eingestellt werden. Das Thermostatventil regelt dann die Temperatur, indem es den Heizkörper automatisch öffnet und schließt.

Wärmeenergie kann in massiven Wänden gespeichert werden. Je nachdem, wie gut die Außenwände gedämmt sind, kommt es zu mehr oder weniger Wärmeverlusten, die über die Heizungsanlage ausgeglichen werden müssen. Gut gedämmte Außenwände verringern diesen Wärmeverlust. Und sie führen bei gleicher Lufttemperatur zu höheren Oberflächentemperaturen der Außenwände. Das schafft ein Gefühl von Behaglichkeit.

Um ein Auskühlen der Außenwände zu vermeiden, sollten Wohnräume möglichst kontinuierlich und gleichmäßig beheizt werden. In ineinander übergehenden Wohnräumen werden die Heizkörperthermostate am besten an allen Heizkörpern gleich eingestellt, damit jeder Heizkörper in seinem Bereich ausreichend Wärme erzeugen kann. Zu versuchen, über einen Heizkörper mehrere Räume zu beheizen, führt zu keiner Energieeinsparung. Ein solches Heizverhalten erhöht nur das Risiko für Schimmelbefall.

Was Menschen als behaglich empfinden, ist unterschiedlich. Im Wohnbereich liegt die Wohlfühltemperatur bei circa 20 bis 22 °C, im Schlafzimmer empfinden die meisten Menschen 16 bis 18 °C als angenehm. Auf keinen Fall dürfen kühlere Wohnräume (zum Beispiel Schlafzimmer) mit warmer Luft aus anderen Wohnräumen aufgewärmt werden. Da die warme, einströmende Luft die relative Luftfeuchtigkeit in dem kälteren Raum erhöht, kann sich an den kühleren Oberflächen der Außenwände Tauwasser bilden, was oft zu Schimmelbefall führt. Deshalb ist es wichtig, die Türen zwischen unterschiedlich stark beheizten Räumen geschlossen zu halten. Stellen Sie ein Thermohygrometer auf, um die Raumlufttemperatur und Raumluftfeuchtigkeit überprüfen zu können.

Auch in wenig genutzten Räumen sollte die Temperatur nie unter 16 °C absinken. Sonst besteht die Gefahr, dass Feuchtigkeit auf den kühleren Oberflächen kondensiert. Vorsicht ist bei Heizanlagen mit Nachtabsenkung geboten. Die Verringerung der Raumlufttemperatur hat zur Folge, dass die relative Luftfeuchtigkeit steigt und gleichzeitig die Oberflächentemperatur der Außenwände sinkt. Feuchtigkeit schlägt sich schnell dort nieder. Deshalb ist es wichtig, bei der Einstellung der Nachtabsenkung die Bausubstanz

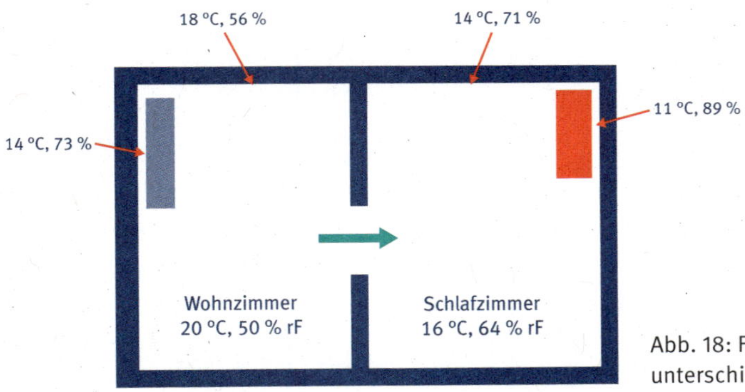

Abb. 18: Feuchteverteilung zwischen unterschiedlich beheizten Räumen

zu beachten und die Temperatur so einzustellen, dass an den abkühlenden Außenwänden kein Kondensat entsteht. Falls Sie unsicher sind, wie Sie Ihre Heizung einstellen müssen, können Sie sich fachlich beraten lassen. Zum Beispiel bei der Energieberatung der örtlichen Verbraucherzentrale: **www.verbraucherzentrale-energieberatung.de**.

Abb. 19: Schimmelbefall in der Heizkörpernische deutet auf unzureichendes Heizen hin

GUT ZU WISSEN

Tipps zum richtigen Heizen

- → Wohnräume gleichmäßig und kontinuierlich beheizen.
- → Auch unbenutzte Wohnräume beheizen.
- → Auf normale Raumtemperaturen achten (Wohn-, Ess-, Kinderzimmer ungefähr 20 bis 22 °C, Schlafzimmer circa 18 °C).
- → Räume nicht auskühlen lassen.
- → Heizkörper am richtigen Ort anbringen, in der Regel an der Außenwand unterhalb des Fensters.
- → Nachtabsenkung an die Bausubstanz anpassen, Temperatur nicht zu stark reduzieren.
- → Bei Neubauten wegen der Baufeuchte mehr heizen und lüften.

Die Möblierung

Stehen Möbel oder andere große Einrichtungsgegenstände direkt an der Außenwand, behindert das eine ausreichende Zirkulation der warmen Raumluft. In der Folge kühlen die Möbelstücke selbst und die Wandoberflächen hinter den Möbeln ab. Auf diesen kalten Oberflächen kondensiert nun die Feuchtigkeit der Luft, was zu einem Schimmelbefall führen kann.

Vor allem in schlecht gedämmten Gebäuden und in Häusern mit Innendämmung sollten größere Möbel und Einrichtungsgegenstände möglichst nicht direkt an Außenwänden und Außenwandecken stehen. Auch bodentiefe Vorhänge und Gardinen können die Luftzirkulation behindern und sind daher kritisch. Keinesfalls dürfen Vorhänge und Gardinen Heizkörper verdecken und dadurch die Wärmeabgabe behindern. Heiz-

GUT ZU WISSEN

Tipps zum Wohnverhalten

- → In schlecht gedämmten Altbauten Möbel möglichst nicht oder nicht direkt an die Außenwände stellen.
- → Bei einem Neubau, der noch nicht ausgetrocknet ist, möglichst keine Möbel an die Wände stellen– oder zumindest einen ausreichenden Abstand einhalten.
- → Bei Möbeln in Zimmern über unbeheizten Räumen (Tiefgarage, Keller) für eine Unterlüftung sorgen. Ein Bett sollte zum Beispiel auf Füßen mit ausreichend Abstand zum Boden stehen. Verzichten Sie auf einen Bettkasten.
- → Möglichst keine Wäsche in Wohnräumen trocknen.
- → Kondensat an Fenstern oder zum Beispiel auf den Fliesen im Bad abtrocknen.
- → Die Wärmeabgabe der Heizkörper nicht durch Vorhänge, Gardinen, Abdeckungen und Möbel behindern.
- → Türen zu kühlen Räumen geschlossen halten.

körperverkleidungen oder große Fensterbänke können die Wärmeverteilung im Raum ebenfalls einschränken.

→ TIPP

Als Eigentümerin oder Eigentümer sollten Sie Ihre Mietinteressierten und Mietparteien darauf hinweisen, welche Außenwände kritisch sind und deshalb nicht mit Möbeln zugestellt werden sollten.

Abb. 20: Möbel an der Außenwand führen zu einem Schimmelbefall auf der Innendämmung

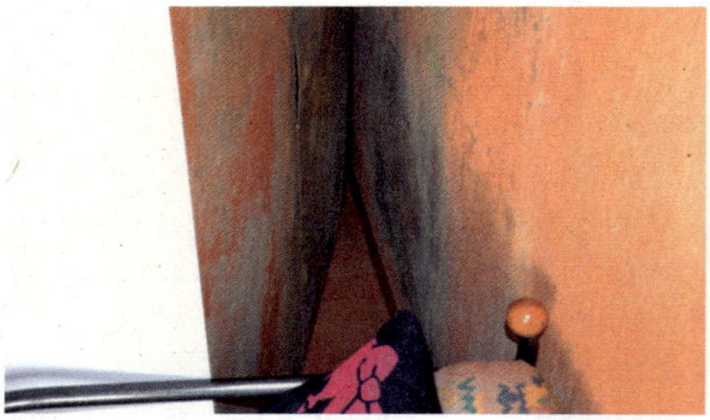

Abb. 21: Schimmel hinter einem Kleiderschrank an der Außenwand

Feuchteschäden durch äußere Einflüsse

Neben baulichen Mängeln und einem falschen Nutzungsverhalten können auch äußere Einflüsse wie eine Havarie (zum Beispiel eine Überschwemmung) Ursache für einen Feuchte-/Schimmelschaden sein. Das sollte in jedem Fall zuerst abgeklärt werden.

Undichte Stellen im Nassbereich

Im Bereich der Dusche oder Badewanne kann es bedingt durch undichte Stellen zu Schimmelbefall kommen, ebenso auf den Fliesen- und Silikonfugen im Nassbereich. Leckagen im Dusch- oder Badewannenbereich sind häufig auf Undichtheiten in den spritzbaren Abdichtungen (Silikonfugen), aber auch auf Risse in den Fliesen zurückzuführen. Ebenso können nicht abgedichtete Durchdringungen wie zum Beispiel durch die Fliesen gehende Armaturen zu solchen Schäden führen. Werden Duschtasse oder Badewanne nicht fachgerecht eingebaut, kann es passieren, dass sie sich bei gewöhnlicher Nutzung absenken und eine offene Fuge zwischen der Silikonfuge und dem Untergrund entsteht. Auch durch einen nicht fachgerecht eingebauten Abfluss können erhebliche Wassermengen in die Bodenkonstruktion laufen und einen Feuchte-/Schimmelschaden verursachen. In all diesen Fällen sind neben dem Bad möglicherweise auch angrenzende oder unterhalb des Bades gelegene Räume betroffen. Kommt es aufgrund einer Undichtheit zu einem Schaden, sollten daher auch immer die angrenzenden Räume gründlich untersucht werden.

> GUT ZU WISSEN
>
> **Schimmelbefall auf Fliesenfugen und Dichtstoffen** lässt sich nur vermeiden, indem diese nach dem Duschen oder Baden mit klarem Wasser nachgespült und abgetrocknet werden. Bei Fugen aus spritzbaren Dichtstoffen (Silikonfugen) handelt es sich um sogenannte Wartungsfugen, die einer normalen Materialermüdung unterliegen. Sie müssen daher mit der Zeit ausgetauscht werden.

Abb. 22: Leckagen im Bodenablauf der Dusche verursachen einen mikrobiellen Schaden in der Deckenkonstruktion aus Holz und im darunterliegenden Schlafzimmer

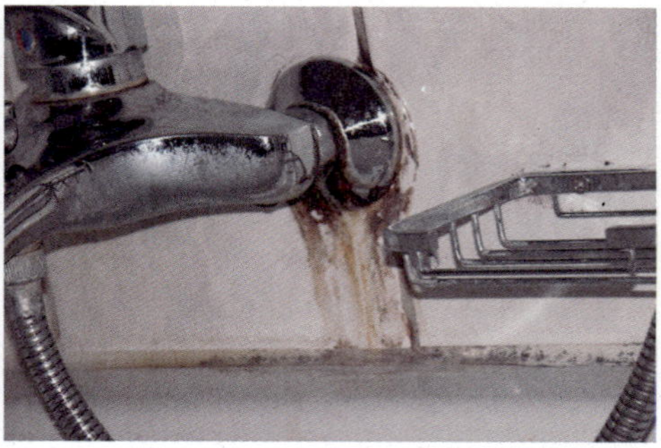

Abb. 23: Schimmelbefall durch hygienische Mängel

Undichte Fußböden mit Fliesenbelag

Im Neubau kann es während des Trocknungsvorganges des Fußbodens zu einer konvexen oder konkaven Verformung des Estrichs kommen. Dadurch reißen die Dichtungsfugen im Anschlussbereich zur Wand ab. Wird der geflieste Boden in der Folgezeit mit viel Wasser gewischt, kann die Feuchtigkeit über die offenen Fugen in die Fußbodenkonstruktion eindringen. In diesem Fall ist mit einem mikrobiellen Schaden zu rechnen.

Undichte Stellen bei sichtbaren wasserführenden Leitungen

Sind Wasserschläuche oder Anschlüsse von Waschmaschine, Trockner oder Spülmaschine undicht, sieht man den Wasserschaden meist sofort. Falls bereits Wasser ausgetreten ist, sollte unverzüglich mit einer fachgerechten Trocknung begonnen werden – zumindest aber innerhalb der ersten drei Tage nach Schadenseintritt. Vergeht mehr Zeit, kann es zu Schimmelbefall kommen, was die Sanierung wesentlich aufwendiger macht. Um solchen Schäden vorzubeugen, sollte bei längerer Abwesenheit die Wasserzufuhr zu diesen Geräten abgestellt werden.

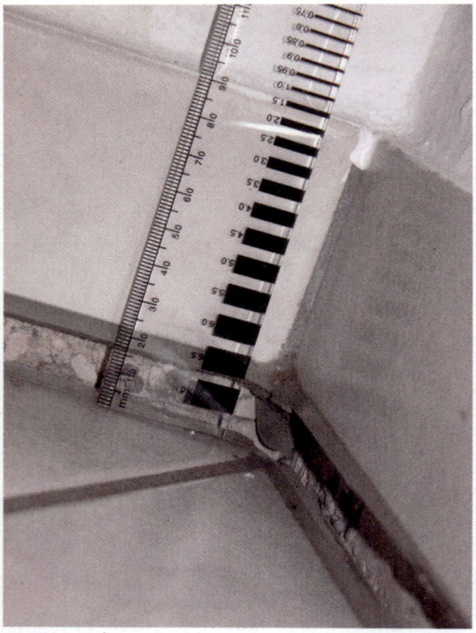

Abb. 24: Abriss der Dichtungsfugen nach der Verformung des Estrichs

Leckagen bei nicht sichtbaren wasserführenden Leitungen

Auch nicht sichtbare wasserführende Leitungen, etwa in der Wand oder Decke verbaute Heizungsrohre, Abflussrohre oder Wasserleitungen, können undicht werden. Häufige Gründe dafür sind Materialermüdung, Korrosionsschäden, bei Neubauten undichte Anschlüsse und Verbindungen, Rohrbrüche, Haarrisse und Beschädigungen bei Arbeiten, die im Bereich der Leitungen ausgeführt werden. Je nach Art der Beschädigung tritt schnell eine große Menge Wasser aus, was schon in kurzer Zeit sichtbar werden kann. Sickert nur wenig Wasser durch, kann das zur Folge haben, dass solche Schäden lange unentdeckt bleiben. Wird der Austritt großer Wassermengen rechtzeitig festgestellt, muss nach Beheben der Ursache sofort mit einer geeigneten Trocknung (Unterdrucktrocknung) begonnen werden.

Bei einem langsamen Wasseraustritt entwickelt sich der Schimmel meist in verdeckten Bereichen wie der Estrichdämmschicht, in Leichtbau-Ständerwänden, hinter der Möblierung und Ähnlichem. Dieser mikrobielle Befall ist häufig nicht zu sehen, sondern macht sich durch einen modrigen Geruch bemerkbar. Erst wenn genügend Feuchtigkeit in solche Bereiche eingedrungen ist, kann es sein, dass sich der Schimmelbefall auch im Bereich der Randfugen zeigt. Bei einem solchen, bereits länger andauernden Wasserschaden ist die Beseitigung des Schimmels oft nicht ohne einen Rückbau (Ausbau der Konstruktion) möglich. Im Zweifelsfall sollte durch Sachverständige eine mikrobielle Untersuchung erfolgen.

Feuchtigkeit durch angrenzendes Erdreich

Vorwiegend bei älteren Gebäuden ist die Abdichtung gegen angrenzendes Erdreich oft nicht oder nur spärlich ausgeführt. Häufig sind keine oder schadhafte Vertikal- und Horizontalabdichtungen vorhanden, wodurch Feuchtigkeit eindringt. Bei solchen Schäden ist die Feuchtigkeit im Wandbildner (Mauerwerk) meist höher als auf der Wandinnenseite. In den betroffenen Bereichen sind neben Schimmel oft auch Salzausblühungen zum Beispiel durch Salpeter (Toilettenanlagen, Stallungen), Chloride (Tausalze, Frostzusatzmittel) und Sulfate (Ziegel- und Naturstein) erkennbar. Solche Schäden lassen sich in aller Regel nur mit großem Aufwand beheben. Je nach Schadensursache sind zum Beispiel Ausschachtungen, Injektionen (dabei werden über ein spezielles Verfahren flüssige Abdichtungsmittel in die Wand eingebracht), nachträgliche Horizontalabsperrungen oder Abdichtungen notwendig.

Risse im Putz

Risse im Putz der Fassade können dazu führen, dass Feuchtigkeit ins Mauerwerk gelangt und sich dort lokal ansammelt. Auf der Fassade bilden sich in der Folge oft Algen, Pilze, Moose und Flechten und auf der Wandinnenseite Schimmelbefall. Feuchte Wände leiten Wärme schneller ab, die Wand kühlt aus. Dies kann auch zu einer Kondensation der Raumluftfeuchte auf der Oberfläche und somit zu Schimmelbildung führen. Da feuchte Wände auch nach innen abtrocknen, kann Schimmelbefall auch in der warmen Jahreszeit auftreten.

Risse in der Fassade können viele Ursachen haben: zum Beispiel nicht fachgerechtes Mauern und Verarbeiten der Ziegel, einen ungeeigneten oder nicht fachgerecht aufgebrachten Putz, fehlende Dehnfugen, Setzungen, Temperatureinflüsse, Undichtheiten im Anschlussbereich von Fensterbänken, Attika und Regenfallrohren, Materialermüdung. Durch Frost im Winter vergrößern sich die Risse, wodurch nach und nach immer mehr Feuchtigkeit eindringen kann. Oft zeigen sich die Schäden erst nach mehreren Jahren: durch den Riss selbst, durch Salzausblühungen und dunkle Verfärbungen des Putzes nach Niederschlag, oder dadurch, dass sich Putz und Farbe ablösen.

GUT ZU WISSEN

Auch Dachrinnen oder Wasserauffangbehälter, die ständig überlaufen, sowie defekte Regenfallrohre, die über die Fassade entwässern, können zu einer **Durchfeuchtung des Mauerwerks** führen. Dadurch steigt die Gefahr, dass sich Schimmel bildet. Um das zu vermeiden, sollte das Gebäude regelmäßig kontrolliert werden. Bauteile müssen gereinigt und vorhandene Leckagen repariert werden.

Havarien

Unter dem Begriff Havarien werden alle Ereignisse zusammengefasst, bei denen es zu einem massiven Schaden kommt, weil von außen Wasser ins Gebäude eindringt.

Typische Ursachen für einen massiven Wassereinbruch sind Überschwemmungen, ein Wasserrohrbruch mit Trink- oder Abwasser sowie Leckagen in der Heizanlage, im Dach, in der Dachrinne oder dem Regenabflussrohr. Auch ein Rückstau von Abwasser, verstopfte Abwasserrohre, defekte Hebeanlagen oder nicht vorhandene und defekte Anschlüsse ans Abwassersystem können zu

Abb. 25: Pilzbefall nach einer Havarie

einer Havarie führen. Und schließlich gelangen beim Löschen eines Brandes große Mengen Wasser in ein Bauwerk.

Ist das eindringende Wasser durch Erde, Schmutz oder Abwasser verunreinigt, müssen alle organischen Materialien, die in Mitleidenschaft gezogen wurden, ausgebaut und entfernt werden. Dies betrifft auch Schäden durch Fäkalien, die über das WC oder Abwasserleitungen sowie Überschwemmungen in die Wohnung gelangen. Fäkalien, Bakterien und Schimmelbefall sind auf verbleibenden Oberflächen mit geeigneten Maßnahmen zu entfernen (siehe auch Berufsverband Deutscher Baubiologen VDB e. V.: VDB-Leitfaden zur Beurteilung und Sanierung von Fäkalschäden in Gebäuden). Beauftragen Sie für diese Arbeiten unbedingt eine Firma, die ausreichend Erfahrung mit der Sanierung solcher Schäden hat. Der Erfolg der Sanierung sollte bei größeren Schäden von unabhängigen Sachverständigen überprüft werden.

Methoden zur Untersuchung eines Feuchte-/Schimmelschadens

Ob ein Feuchte-/Schimmelschaden vorliegt, wie groß er ist, welche Bauteile betroffen sind und ob von dem Schimmelbefall ein gesundheitliches Risiko ausgeht – diese Fragen können nur Fachleute beantworten. Die Expertinnen und Experten wenden dafür unterschiedliche Untersuchungsmethoden an, die im folgenden Kapitel erläutert werden.

Wenn Sie wissen, welche Methoden es für die Untersuchung eines Feuchte-/Schimmelschadens gibt und welche Ziele sie haben, können Sie sich besser auf einen Termin mit Sachverständigen vorbereiten und leichter nachvollziehen, warum diese was tun. Sie können besser einschätzen, wie aufwendig die Arbeit des oder der Sachverständigen wird und wie aussagekräftig die Ergebnisse sind.

Die richtigen Expertinnen und Experten finden

Feuchte-/Schimmelschäden sind komplex. Keine Sachverständige und kein Sachverständiger kann alle Fragen beantworten. Nach einer allgemeinen Erstberatung führt deshalb in aller Regel kein Weg daran vorbei, verschiedene Expertinnen und Experten einzubinden. Doch wer ist für welche Aufgabe zuständig? Die folgende Tabelle gibt einen Überblick.

EXPERTIN/EXPERTE	AUFGABENBEREICHE
Handwerkerin/Handwerker für Schimmelsanierungen	• Abklärung, ob ein Feuchte-/Schimmelschaden vorliegt • Beweissicherung • Schadensursache ermitteln • Gefährdungsbeurteilung • Sanierungskonzept erstellen • Sanierung des Schadens
Baubiologin/-biologe, Bausachverständige/Bausachverständiger, Bauphysikerin/-physiker, Architektin/Architekt	• Abklärung, ob ein Feuchte-/Schimmelschaden vorliegt • Beweissicherung • Schadensursache ermitteln • Gefährdungsbeurteilung • Sanierungskonzept erstellen • Begleitung der Sanierung – Koordination • bauphysikalische Untersuchungen und Berechnungen • Probenahme für mikrobiologische Untersuchungen
Bautrocknerin/-trockner	• Technische Bautrocknung • Gefährdungsbeurteilung • Sanierungskonzept erstellen
Mykologin/Mykologe	• Mikrobiologische Untersuchungen, ggf. über oben genannte Expertinnen und Experten
Ärztin/Arzt mit speziellen Kenntnissen auf dem Gebiet der Schimmelpilzdiagnostik und -therapie	• Beurteilung der gesundheitlichen Auswirkungen eines Feuchte-/Schimmelschadens
Rechtsanwältin/-anwalt mit speziellen Kenntnissen (Mietrecht, Vertragsrecht, Arbeitsrecht, Versicherungsrecht, Wohnungseigentumsrecht, öffentliches Recht)	• Rechtliche Bewertung eines Schimmelschadens • Hilfe bei der Durchsetzung von Ansprüchen • Klärung, wer die Sanierungskosten tragen muss
Fachkraft für Arbeitssicherheit, Betriebsärztin/-arzt, Berufsgenossenschaft	• Arbeitsschutz • Gesundheitsschutz am Arbeitsplatz
Öffentlicher Gesundheitsdienst (zuständiges Gesundheitsamt)	• Gesundheitsschutz in öffentlichen Gebäuden
Schimmelpilzspürhund und Hundeführerin /-führer	• Lokalisierung von verdeckten Feuchte-/Schimmelschäden

Die Fachleute wenden unter anderem folgende Untersuchungsmethoden an:

WAS	WO	WIE
Beweissicherung eines Feuchte-/ Schimmelschadens	Auf der Oberfläche	• Folienkontaktprobe • Materialprobe
	Im Material	• Direktmikroskopie • Suspensionsmethode
Ursache eines Feuchte-/ Schimmelschadens	Sichtbarer Befall	• Befragung der Betroffenen • Ortstermin und Begehung des Gebäudes • Messung der Raumtemperatur und -feuchte durch Thermohygrometer, Datenlogger • Messung der Oberflächentemperatur durch Infrarotthermometer, Berührungsthermometer, Wärmebildkamera • Messung der Materialfeuchte durch Widerstandsmessung, Messung des kapazitiven Widerstands • Messung der Materialfeuchte durch Mikrowellen
Ursache eines Feuchte-/Schimmelschadens	Sichtbarer Befall	• Ortstermin und Begehung des Gebäudes • Bauphysikalische Berechnungen • Bestimmung der Ausgleichsfeuchte • Messung der Luftdichtigkeit des Gebäudes
Ursache eines Feuchte-/Schimmelschadens	Trittschall-/ Wärmedämmung	• Befragung der Betroffenen • Ortstermin und Begehung des Objektes • Messung der Materialfeuchte durch Widerstandsmessung, Messung des kapazitiven Widerstands, Bestimmung der Ausgleichsfeuchte
Wahrscheinlichkeit eines vermuteten Feuchte-/Schimmelschadens	Im Innenraum	• Luftkeimsammlung • Luftpartikelsammlung • Partikelauswertung • MVOC • Folienkontaktprobe • Schimmelpilzspürhund

→

WAS	WO	WIE
Ausdehnung des Feuchte-/ Schimmelschadens	In der Fläche und Tiefe	• Messung der Materialfeuchte • Rasterfeuchtemessung • Bestimmung der Schimmelpilzkonzentration im und/ oder auf dem Material
Sanierungsfreimessung	Im Innenraum in Abhängigkeit von der Art und Größe des Befalls	• Folienkontaktprobe • Materialprobe • Direktmikroskopie • Suspensionsmethode • Partikelauswertung • Luftkeimsammlung • Bauphysikalische Kontrolle, ob die Ursache des Schadens vollständig behoben wurde, durch Messung der Materialfeuchte und Oberflächentemperatur
Gesundheitliche Beschwerden	Betroffene Personen	• Erhebung der Krankheitsgeschichte (Anamnese) • Immunstatus bei einer Grunderkrankung mit deutlichem Einfluss auf das Abwehrsystem • Infektiologische Diagnostik in Abhängigkeit von der Anamnese • HNO-ärztliche Diagnostik in Abhängigkeit von der Anamnese • Lungenfachärztliche Diagnostik in Abhängigkeit von der Anamnese • Allergologische Diagnostik in Abhängigkeit von der Anamnese

Grundsätzlich gilt: **Wer Sachverständige beauftragt, einen Feuchte-/Schimmelschaden zu begutachten, muss für die damit verbundenen Kosten aufkommen.** Als Mieterin oder Mieter empfiehlt es sich deshalb, die Vermieterin oder den Vermieter schon bei der Schadensmeldung zu bitten, Sachverständige einzuschalten. Lehnt dieser den Wunsch ab, können Sie selbst Sachverständige beauftragen, den Schaden in Form eines Privatgutachtens zu beurteilen. Das kostet zwar Geld, trotzdem lohnt der Schritt in vielen Fällen. Denn mit dem Gutachten bekommen Sie wichtiges Hintergrundwissen. Das hilft Ihnen dabei, die weiteren Schritte zu planen. Sollte der Fall vor Gericht landen, können Privatgutachten für die Beweisführung von großer Bedeutung sein.

GUT ZU WISSEN

Schimmelspürhunde können aufgrund ihres herausragenden Geruchssinns einen wichtigen Beitrag beim Aufspüren von versteckten Schimmelschäden leisten. Hunde sind in der Lage, selektiv zu riechen. Dies bedeutet, dass sie aus einer Mischung von Gerüchen ihnen antrainierte Geruchsstoffe herausfiltern, im Gedächtnis speichern und später sicher wiedererkennen können. Dies ist wichtig, da sich Ausdünstungen von Schimmel mit dem Geruchsbild des Baumaterials, auf dem sich dieser befindet, vermischen.

Der Einsatz von Schimmelspürhunden ist immer dann sinnvoll, wenn der Schimmelbefall nicht sichtbar ist, aber ein begründeter Verdacht vorliegt. Dank des Schimmelspürhundes müssen Bauteile nicht unnötig zerstört werden. Sie werden erst zur Probenahme geöffnet, wenn der Spürhund Schimmel anzeigt. Schimmelspürhunde können außerdem für vorsorgliche Begehungen eingesetzt werden, um versteckte Schimmelschäden auszuschließen. Spürhundteams werden von Sachverständigen auch dann hinzugezogen, wenn große, unübersichtliche Gebäude mit unbekannter Vorgeschichte in kurzer Zeit zu überprüfen sind.

Es ist wichtig, dass Hund und Hundeführer ein eingespieltes Team sind. Denn nur, wenn Hundeführer ihren Hund sehr genau kennen, können auch nicht klar sichtbare Anzeigen wahrgenommen und die Körpersignale richtig interpretiert werden. Hinzugezogene Sachverständige sollten diese Problematik im Blick haben, denn ein Spürhund erkennt keine mikrobiellen Schäden, sondern den typischen Geruch mikrobieller Schäden. Deshalb müssen Markierungen des Hundes im Zusammenhang mit der Baukonstruktion interpretiert werden, weil es zum Beispiel zu einer Verdriftung von Gerüchen kommen kann.

Falls Sie ein Spürhundteam einsetzen möchten, sollten Sie beachten, dass in der Regel sowohl Hundeführer als auch Sachverständige für die Untersuchung des Befalls erforderlich sind. Selten verfügt eine Person über alle Kenntnisse. Der Hund muss eine sich in regelmäßigen Abständen wiederholende Prüfung ablegen.

Der Bundesverband Schimmelpilzsanierung hat in Zusammenarbeit mit erfahrenen Schimmelspürhundeführerinnen und -führern sowie dem Umweltbundesamt eine Richtlinie zur Prüfung von Schimmelspürhunden erarbeitet (erhältlich unter https://bss-schimmelpilz.de/schimmelspuerhund-pruefung/).

Woran erkenne ich gute Sachverständige für die Probenahme und die Bewertung von biologischen Schadstoffen und Schimmel in Innenräumen?

Sachverständige sind unabhängige Personen, die in einem oder mehreren Spezialgebieten über besondere Sachkunde und Erfahrung verfügen. Ihre Aufgabe ist, allgemeingültige Aussagen über einen ihnen vorgelegten oder von ihnen festgehaltenen Sachverhalt zu treffen und diese – auch für Laien – nachvollziehbar darzustellen. Die Bezeichnung „Sachverständiger" ist in Deutschland allerdings nicht geschützt. Jeder darf sich so nennen. Das erschwert die Suche. Die Industrie- und Handelskammern betreiben eine bundesweite Datenbank der öffentlich bestellten und vereidigten Sachverständigen (Internet: **www.svv.ihk.de**, Stichworte: Schadstoffe in Innenräumen und an Gebäuden, Schäden an Gebäuden, Schäden an Innenräumen). Auch die Handwerkskammern bieten eine Sachverständigensuche an (Internet: **www.svd-handwerk.de**, Stichworte: Feuchte, Schimmel).

Bevor Sie sich für eine Sachverständige oder einen Sachverständigen entscheiden, sollten Sie nach der Qualifikation fragen. Das ist wichtig, um die Qualität des Gutachtens (das in Streitfällen große Bedeutung hat) einschätzen zu können. Sachverständige für die Probenahme und die Bewertung von Schadstoffen in Innenräumen besitzen ein abgeschlossenes Hoch- beziehungsweise Fachhochschulstudium (Mikrobiologie, Chemie oder Ingenieurwissenschaft) oder eine Meister- oder Technikerausbildung für ein entsprechendes Arbeitsgebiet.

Gute Sachverständige

→ besitzen eine Zusatzqualifikation in den Bereichen Analytik, Baubiologie, Bauphysik, Bauwesen, Innenraumhygiene und/oder Probenahme und deren Bewertung,
→ haben mehrjährige praktische Erfahrungen und theoretische Kenntnisse in ihrem entsprechenden Arbeitsgebiet,
→ nehmen regelmäßig an Weiterbildungsveranstaltungen auf ihrem Arbeitsgebiet teil,
→ teilen ihren Kundinnen und Kunden das Arbeitsgebiet mit, auf dem sie aufgrund ihrer Aus- und Weiterbildung sowie ihrer praktischen Erfahrungen tätig sind, und übernehmen nur Aufträge, bei denen sie selbst über die erforderliche Kompetenz verfügen,
→ orientieren sich bei ihrer Arbeit an der VDI-Richtlinienreihe 4300 bzw. der VDI-ISO-Reihe 16000.
→ Wenden sie Methoden an, die hier nicht beschrieben sind, legen sie

→

diese offen und machen Angaben zur Validierung, Messunsicherheit und Bewertung der Ergebnisse.

- verfügen über ein Qualitätssicherungssystem, das ein akkreditierungskonformes Arbeiten sicherstellt
- orientieren sich bezüglich der Bewertung ihrer Ergebnisse an den aktuellen Beurteilungskriterien der Innenraumlufthygiene-Kommission des Umweltbundesamtes, wie der Bewertungshilfe für Luftproben, kultivierbare Schimmelpilze und Bewertungshilfe für sichtbaren Schimmelbefall, Fußböden (siehe Umweltbundesamt „Schimmelleitfaden 2017"),
- beraten Kundinnen und Kunden über die anzuwendende Probenentnahmestrategie in dem konkret vorliegenden Fall und machen Angaben zu den zu erwartenden Kosten,
- geben ihre Proben zur Untersuchung nur an ein qualifiziertes Schimmelpilzlabor und fügen ihrem Gutachten den Originalprüfbericht des Labors bei,
- verzichten bewusst darauf, Schimmelpilze und ihre Stoffwechselprodukte einschließlich Toxine mit möglichen Gesundheitseffekten aufzulisten,
- nehmen keine medizinischen Bewertungen der Ergebnisse vor.

Die Ermittlung des Schadens

Um festzustellen, ob ein Feuchte-/Schimmelschaden vorliegt und Ursache und Ausmaß beurteilen zu können, wenden Sachverständige verschiedene Verfahren an. Je nach Fall ist es notwendig,

- Betroffene zu befragen
- das Gebäude in Augenschein zu nehmen
- bauphysikalische Messungen und/oder Berechnungen durchzuführen
- mikrobiologische Untersuchungen vorzunehmen

Bereiten Sie sich auf den Erstkontakt mit Sachverständigen vor und halten Sie – wenn möglich – Informationen zum Schadenseintritt und Schadensverlauf, dem Ausmaß und zu bisher eingeleiteten Maßnahmen bereit. Fotos vom Schadensverlauf können ebenfalls hilfreich sein. Außerdem benötigten Sachverständige Informationen über das Haus, wie zum Beispiel zur Gebäude- und Heizungstechnik. Falls Sie nicht selbst über diese Informationen verfügen, sollten Sie überlegen, wer sie bereitstellen kann.

Befragung der Betroffenen

Sachverständige werden Ihnen diese oder ähnliche Fragen stellen, um einen ersten Eindruck von dem Gebäude zu bekommen. Je konkreter Sie die Fragen beantworten können, desto einfacher ist es, den Sachverhalt einzuschätzen und eine Lösung für das Problem zu finden.

- → Wer ist Eigentümer des Gebäudes oder wer ist der Träger?
- → Wie wird das Gebäude genutzt?
- → Wie viele Personen nutzen das Gebäude?
- → Wie alt ist das Gebäude?
- → Wann ist der Feuchte-/Schimmelschaden erstmals aufgefallen?
- → Wie groß ist der Schaden?
- → Ist ein ähnlicher Schaden schon einmal in dem Gebäude aufgetreten?
- → Sind ähnliche Schäden in anderen baugleichen Bereichen des Gebäudes aufgefallen, zum Beispiel in einer anderen Wohnung?
- → Gibt es Anzeichen für einen Feuchteschaden, zum Beispiel Schimmel, Salzausblühungen, Verfärbungen der Tapete?
- → Welche Baumaterialien wurden bei der Erstellung des Gebäudes verwendet?
- → In welcher Bauweise wurde das Gebäude errichtet?
- → Wurde das Gebäude seit der Errichtung umgebaut, saniert oder renoviert?

  Wichtig sind vor allem Veränderungen an der Heizung, an Fenstern und Türen, der Lüftungssituation, an Bauteiloberflächen, an Trinkwasser- oder Abwasserleitungen, an Heizungswasserkreisläufen oder am Dach.
- → Wann fanden die Umbauten statt und was genau wurde verändert?
- → Ist eine Havarie, zum Beispiel ein Rohrbruch, eine Undichtheit des Daches oder der Regenrinne aufgetreten?
- → Kam es zu einem Löschwassereinsatz oder Ähnlichem in/an dem Gebäude?
- → Sind Duschen oder Bäder nachträglich in das Gebäude eingebaut worden? Falls ja, wann?
- → Ist ein weiterer Feuchteschaden in/an dem Gebäude bekannt?
- → Wer ist berechtigt, eine Genehmigung für eine Bauteilöffnung zu geben?
- → Leben Haustiere in der Wohnung?
- → Ist eine Schimmelquelle im Umfeld des Objekts bekannt, zum Beispiel eine Kompostanlage, eine Gärtnerei oder eine Wertstoffsortieranlage?

Für die Sachverständigen ist es hilfreich, wenn Baupläne, Planungsunterlagen oder eine Grundriss-Skizze vorhanden sind.

→ TIPP

Vermeiden Sie beim Erstkontakt Schuldzuweisungen. Sachverständige werden für ihre Beurteilung stets auf Messergebnisse und Berechnungen, Erkenntnisse aus der Begehung des Gebäudes sowie plausible Angaben der Betroffenen zurückgreifen. Vorwürfe helfen hingegen nicht weiter.

Begehung des Objekts: Messungen und Untersuchungen

Um einen Feuchte-/Schimmelschaden beurteilen zu können, müssen Sachverständige das Gebäude und die Wohnung bei einer Ortsbegehung kennenlernen (Inaugenscheinnahme). Dabei werden sie sich in der Regel zunächst von außen einen Eindruck vom allgemeinen Zustand machen und sich über die Lage informieren. Je nach Schadensart und -umfang sind Sachverständige auch daran interessiert, nicht direkt betroffene, aber an den Schadensbereich angrenzende Gebäudeteile wie Treppenaufgänge, Keller, Dach und Garage in Augenschein zu nehmen.

Wie Sachverständige bei der Begehung vorgehen, hängt von der Ausgangssituation ab.

Es liegt ein sichtbarer Feuchte-/Schimmelschaden vor, dessen Ursache bekannt ist: Sachverständige nehmen gegebenenfalls zur Beweissicherung eine Probe, zum Beispiel durch eine Folienkontaktprobe. Mithilfe von Materialfeuchtemessungen und eventuell von Materialproben (Oberfläche oder Material) für eine mykologische Untersuchung auf Schimmelpilze soll die Ausdehnung des Schadens ermittelt werden.

→ TIPP

Bei der Erstbegehung sollten möglichst die beteiligten Parteien (beispielsweise Mietende und Vermietende) anwesend sein. Es erhöht die Akzeptanz der Sachverständigen, wenn alle Beteiligten eingebunden sind und die Informationen gleichzeitig erhalten. Ist das nicht möglich, sollte die Gegenpartei zumindest von der Begehung erfahren und Einsicht in das schriftliche Begehungsprotokoll erhalten. Dies führt meistens zu einer schnelleren Einigung über die notwendigen Maßnahmen zur Behebung des Schadens.

Es liegt ein sichtbarer Feuchte-/Schimmelschaden vor, dessen Ursache unbekannt ist: Sachverständige sichern Beweise und ermitteln die Ausdehnung des Schadens. Um die Ursache des Schadens zu finden, werden verschiedene bauphysikalische

Messungen und Berechnungen durchgeführt:

- Kurzzeit- und eventuell Langzeitmessung der Raumtemperatur und -feuchte sowie der Kohlendioxidkonzentration, um das Lüftungs- und Heizverhalten zu überprüfen
- Messung der Oberflächentemperatur, um zum Beispiel Wärmebrücken zu identifizieren
- Berechnung des Wärmedurchgangswiderstandes der einzelnen Bauteile, wie zum Beispiel der Wände, Kanten, Ecken, um Wärmebrücken zu erkennen
- Messung der Materialfeuchte, um aufsteigende Feuchte, fehlende Dichtheit der Baukonstruktion, wie zum Beispiel des Dachs, oder eine Havarie von Wasser-, Abwasser- oder Heizungsleitungen zu entdecken
- Überprüfung der Luftdichtheit der Konstruktion, um zum Beispiel festzustellen, ob eine Kondensation von Feuchte durch die Baukonstruktion wahrscheinlich ist
- Untersuchung der wasserführenden Leitungen, Abwasserleitungen, Heizungsleitungen auf Leckagen

Es liegt ein begründeter Verdacht (geruchliche Auffälligkeit, Feuchteschaden) auf einen verdeckten Feuchte-/Schimmelschaden vor: Sachverständige versuchen, mithilfe einer Luftuntersuchung (zum Beispiel Luftkeimsammlung, Partikelauswertung, MVOC-Messung) die Wahrscheinlichkeit eines verdeckten Schadens zu erhärten. Gegebenenfalls kommt ein Schimmelspürhund zum Einsatz, um mögliche Quellen zu lokalisieren. Durch bauphysikalische Messungen ermitteln oder lokalisieren Sachverständige mögliche Feuchteschäden und Mängel in der Baukonstruktion. Werden mögliche Mängel entdeckt, kann es unter Umständen notwendig sein, Möbel zu entfernen oder bestimmte Bauteile zu öffnen. Informieren Sie sich rechtzeitig darüber, wer die Bauteilöffnung genehmigen muss. Eventuell kann mit einem Endoskop in nicht einsehbare Bauteile und Hohlräume wie abgehängte Decken oder Wandverkleidungen geschaut werden, um zu prüfen, ob es Hinweise auf einen Schimmelbefall gibt. Bei der Ortsbegehung sollten je nach Schadensfall folgende Fragen geklärt werden:

- Liegt ein sichtbarer Feuchteschaden vor?
- Was war möglicherweise die Ursache dafür und wie alt ist der Schaden?
- Kam es aufgrund einer Havarie zu einem Wassereintritt in das Gebäude?
- Gibt es andere Anzeichen für einen Feuchteschaden, zum Beispiel Schimmel, Salzausblühungen oder Verfärbungen der Tapete?

- Sind die Fenster mit Pflanzen oder dekorativen Gegenständen so verstellt, dass sie nur mit großem Aufwand geöffnet werden können?
- Wurden neue, dicht schließende Wärmeschutzfenster in das Gebäude eingebaut, ohne gleichzeitig die Außenwände zu dämmen?
- Wann wurden in fensterlosen Räumen, wie zum Beispiel innenliegenden Bädern, zuletzt die Ventilatoren gewartet?
- Wann laufen die Ventilatoren? Ist gesichert, dass ständig Luft in den Raum nachströmen kann?
- Gibt es in der Wohnung zusätzliche Feuchtequellen, zum Beispiel Luftbefeuchter, Zimmerspringbrunnen, ein Aquarium oder einen Wäschetrockner?
- Ist die Zwischenspeicherung von Feuchtigkeit in den Wänden und Fußböden stark eingeschränkt, zum Beispiel durch die Ausstattung mit Fliesen, Kunststoffen, PVC, Linoleum, Vinyl- oder Glasfasertapeten?
- Stehen Möbel und andere Einrichtungsgegenstände direkt vor schlecht gedämmten Außenwänden?
- Welche Art der Heizung, zum Beispiel Zentral- oder Etagenheizung, Einzelheizungen liegt vor?
- Sind Bäder oder Duschen nachträglich eingebaut worden?
- Sind die Rollladenkästen als Wärmebrücken erkennbar?
- Gibt es Bauteile, die auf materialbedingte Wärmebrücken schließen lassen, zum Beispiel Betondecken, Balkonanschlüsse oder Tiefgaragen?

Liegt ein Feuchteschaden in der Trittschall-/Wärmedämmung der Fußbodenkonstruktion vor, muss geprüft werden,

- ob ein Rückbau aus technischen Gründen erforderlich ist
- ob ein Rückbau wegen Geruchsbildung aus hygienischen Gründen erforderlich ist
- wie wasserdurchlässig die Baukonstruktion ist
- woraus die durchfeuchteten Baumaterialien bestehen und wie hoch das Risiko ist, dass diese mit Schimmel befallen sind
- welchen Nährstoffgehalt das in die Konstruktion eingedrungene Wasser hat (Trinkwasser, Regenwasser, fäkale Abwässer)
- wie alt der Schaden wahrscheinlich ist

Aus diesen Erkenntnissen ergibt sich, ob das Bauteil geöffnet werden muss, um Material aus der Trittschall-/Wärmedämmung mikrobiologisch untersuchen zu können.

→ **TIPP**
Achten Sie darauf, dass Ihnen ein Begehungsprotokoll ausgehändigt wird. Das kann wichtig sein, falls weitere Sachverständige eingeschaltet werden sollen.

Kontrolle der Sanierung

Nach der Sanierung eines Feuchte-/Schimmelschadens prüfen Sachverständige, ob der Schaden vollständig behoben und befallenes Material restlos entfernt wurde. Dafür werden die betroffenen Bauteile in Augenschein genommen und bauphysikalische sowie bei Bedarf mikrobiologische Untersuchungen durchgeführt. Mithilfe einer Luftkeimsammlung und/oder einer Partikelauswertung wird überprüft, ob eine ordnungsgemäße Feinreinigung stattgefunden hat (WTA-Merkblatt 4-12 Ausgabe: 05.2021/D - Ziele und Kontrolle von Schimmelpilzschadensanierungen in Innenräumen). Diese Überprüfung wird vor dem Entfernen des Umgebungsschutzes, in jedem Falle aber vor dem Wiederaufbau vorgenommen. Sie kann ohne und mit einer Mobilisierung noch vorhandener Partikel erfolgen.

Das Ziel der Sanierung ist nicht eine Raumluft, die überhaupt keine Schimmelpilzsporen enthält. Das wäre kaum möglich. Die Luft soll aber mit ihren Bestandteilen der jahreszeitlich bedingten Normalkonzentration entsprechen.

- → Wurde während der Sanierung desinfiziert, ist die Luftkeimsammlung nicht aussagefähig, da sich die Schimmelpilzsporen durch diese Maßnahmen zum Teil nicht mehr kultivieren lassen. Das allergische und toxische Potenzial bleibt aber dennoch in den abgetöteten Schimmelpilzsporen vorhanden.
- → Eine MVOC-Bestimmung in der Luft oder die Überprüfung durch einen Schimmelspürhund ist für die Erfolgskontrolle **ungeeignet**, da Gerüche auch an anderen Materialien als den befallenen lange Zeit haften bleiben.

Wird durch die Sanierungsfreimessung – auch als Hygienemessung oder Sanierungserfolgskontrolle bezeichnet – belegt, dass die Sanierung ordnungsgemäß durchgeführt wurde, kann der Wiederaufbau beginnen.

GUT ZU WISSEN

Selbstverständlich beantworten Sachverständige auch eine Vielzahl weiterer fachbezogener Fragen. Aber denken Sie daran: **Bausachverständige können nur Fragen zur Ursache, Ausdehnung und Sanierung eines Feuchte-/Schimmelschadens beantworten.** Wenn Sie wissen möchten, ob von einem vorliegenden Schaden eine individuelle gesundheitliche Gefährdung ausgeht, müssen Sie sich an entsprechend qualifizierte Ärztinnen und Ärzte wenden (→ Seite 45 ff.). Bei rechtlichen Fragen helfen Juristinnen und Juristen weiter, die sich mit baulichen Fragen auskennen (→ Seite 194 f.). Falls Sie Fragen zur Versicherung haben, sollten Sie die Versicherungspolice gründlich lesen, um sich über die versicherten Leistungen im Klaren zu sein. Halten Sie bei Bedarf Rücksprache mit der Versicherung und nutzen Sie eine Rechtsberatung, zum Beispiel (falls vorhanden) über Ihre Rechtsschutzversicherung, Mietervereine oder Haus- und Grundeigentümervereine.

Wichtige Messverfahren – und was sie leisten

Um einen Feuchte-/Schimmelschaden objektiv einschätzen zu können, müssen verschiedene bauphysikalische Messungen und mikrobiologische Untersuchungen vorgenommen werden. Im Folgenden werden die wichtigsten Messverfahren kurz vorgestellt, samt Einschätzung ihrer Leistungsfähigkeit. So können Sie besser nachvollziehen, warum Sachverständige eine bestimmte Methode anwenden, und die Ergebnisse einordnen.

Bauphysikalische Messverfahren und Berechnungen

Kurzzeitmessung von Temperatur und Feuchte in der Innenraum- und Außenluft

- **Untersuchungsziele:**
  - Messung der aktuellen Temperatur und Feuchte (möglich).
  - Überprüfung des Nutzungs-, Lüftungs- und Heizverhaltens (eingeschränkt möglich).
  - Ermittlung der Ursache des Feuchteschadens (eingeschränkt möglich).
- **Aufwand**: gering
- **Aussagekraft:** Das Verfahren ermöglicht eine Aussage über die aktuelle Temperatur und den Feuchtegehalt der

Luft. Da beide Faktoren aber wesentlich vom Nutzungs-, Heiz- und Lüftungsverhalten sowie der Witterung abhängen, können die ermittelten Werte nur bedingt verallgemeinert werden.

Datenlogger zur Messung von Temperatur, relativer Feuchtigkeit und der Kohlendioxidkonzentration in der Innenraumluft

→ **Untersuchungsziele:**
  - Messung des Verlaufs von Temperatur und Feuchte der Luft über einen längeren Zeitraum (möglich)
  - Überprüfung des Nutzungs-, Lüftungs- und Heizverhaltens (in den Wintermonaten weitgehend möglich)
  - Ermittlung der Ursache des Feuchteschadens (kann möglich sein)
  - Ermittlung des Endpunkts einer technischen Trocknung (möglich)

→ **Aufwand:** Höher als bei der Kurzzeitmessung. Die Daten können nur von Fachleuten ausgewertet werden.

→ **Aussagekraft:** Das Verfahren ermöglicht eine Langzeitmessung von Temperatur und Feuchtegehalt sowie gegebenenfalls der Kohlendioxidkonzentration in der Luft.

Messung der Oberflächentemperatur im Innenraum

Infrarot-Thermometer

→ **Untersuchungsziele:**
  - Ermittlung von Wärmebrücken (in den Wintermonaten möglich)
  - Ermittlung von Undichtheiten der Konstruktion (in den Wintermonaten möglich)

→ **Aufwand:** Die Oberflächentemperatur lässt sich schnell, mit relativ geringem apparativem und zeitlichem Aufwand messen. Das Verfahren sollte nur von fachlich geschultem Personal durchgeführt und bewertet werden.

→ **Aussagekraft:** Das Verfahren ermöglicht einen schnellen Überblick über die Oberflächentemperatur eines Bauteils. Der mit dem Infrarot-Thermometer ermittelte Messwert ist abhängig von der Temperatur und dem Emissionsgrad des Materials.

Abb. 1: Messung der Oberflächentemperatur mit einem Infrarot-Thermometer

Berührungsthermometer

- **Untersuchungsziel:**
  Ermittlung von Wärmebrücken (in der Regel nur in den Wintermonaten möglich)
- **Aufwand:** Die Messung der Oberflächentemperatur eines Bauwerks ist mit einem hohen zeitlichen Aufwand verbunden, da sich das Thermometer bei jedem Messpunkt über einige Minuten an die dort vorliegende Temperatur angleichen muss. Das Verfahren ist von Sachverständigen durchzuführen.
- **Aussagekraft:** Das Verfahren ermöglicht die Messung der Oberflächentemperatur von ausgewählten Bauteilen des Bauwerks.

Wärmebildkamera

- **Untersuchungsziele:**
  - Ermittlung von Wärmebrücken (in der Regel in den Wintermonaten möglich)
  - Ermittlung von Undichtigkeiten der Konstruktion (in der Regel in den Wintermonaten möglich)
- **Aufwand:** Das Ergebnis der Oberflächentemperatur liegt schnell vor und lässt sich gut visualisieren. Das Verfahren muss von fachlich geschulten Personen durchgeführt werden, da nur sie die Daten interpretieren können.
- **Aussagekraft:** Die Untersuchung ermöglicht einen schnellen Überblick über die Innenoberflächentemperaturen der Räume. Der mit der Wärmebildkamera ermittelte Messwert hängt von der Temperatur und vom Emissionsgrad des Materials ab.

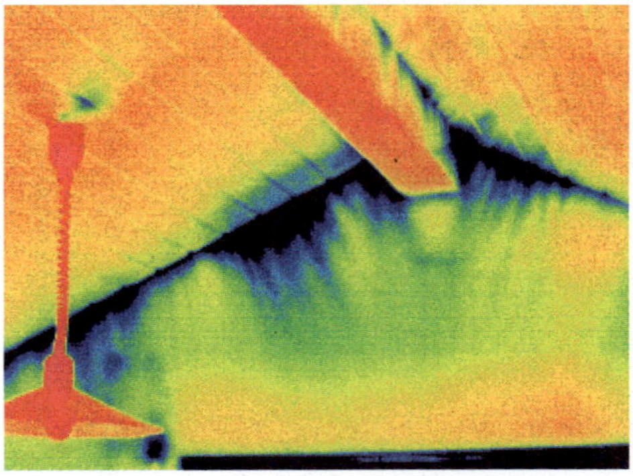

Abb. 2: Messung einer Wärmebrücke oder einer Undichtigkeit im Dach mithilfe einer Wärmebildkamera

Messung der Materialfeuchte

CM-Verfahren

- **Untersuchungsziel:**
  Ermittlung, ob das Baumaterial durch eine technische Trocknung bis zu einer vorgegebenen absoluten Materialfeuchte getrocknet wurde (möglich)

→ **Aufwand:** Es handelt sich um ein zerstörendes Verfahren, der Aufwand ist relativ gering, die Untersuchung kann direkt vor Ort durchgeführt werden. Diese Untersuchung sollte aber nur von fachlich geschulten Personen durchgeführt und bewertet werden.

→ **Aussagekraft:** Das Verfahren ermöglicht eine Messung der absoluten Feuchte von Baumaterialien.

Darrmethode

→ **Untersuchungsziel:**
Ermittlung, ob das Baumaterial bis zu einer vorgegebenen absoluten Materialfeuchte getrocknet wurde (möglich)

→ **Aufwand:** Es handelt sich um ein zerstörendes Verfahren. Die Untersuchung kann nur in einem Labor vorgenommen werden. Das Ergebnis liegt erst nach ein bis zwei Tagen vor. Da die richtige Probenahme entscheidend ist, sollte diese Untersuchung nur von qualifizierten Fachleuten und Sachverständigen durchgeführt und bewertet werden.

→ **Aussagekraft:** Das Verfahren ermöglicht eine Messung der absoluten Feuchte von Baumaterialien.

Messung des elektrischen oder des kapazitiven Widerstandes

→ **Untersuchungsziele:**
- Ermittlung, ob das Baumaterial insgesamt oder in Teilbereichen durchfeuchtet ist oder bis zu einer vorgegebenen absoluten Materialfeuchte getrocknet wurde (möglich, wenn aus einer Tabelle oder sonstigen Daten entnommen werden kann, welcher absoluten Feuchte das ermittelte elektrische Signal entspricht)
- Ermittlung, ob auf oder in einem Baumaterial Schimmelpilze wachsen können (möglich, wenn aus einer Tabelle oder sonstigen Daten entnommen werden kann, welcher Ausgleichsfeuchte das ermittelte elektrische Signal entspricht)
- Lokalisierung einer Feuchtequelle (möglich, wenn beachtet wird, dass nur die Messergebnisse eines Baumaterials verglichen werden können)
- Ausdehnung eines Feuchteschadens (möglich)

→ **Aufwand:** Es handelt sich um ein Verfahren, bei dem kein Material zerstört wird. Die Untersuchung ist vor Ort möglich. Das Ergebnis liegt sofort vor. Der apparative Aufwand ist gering. Das Verfahren sollte von qualifizierten Fachleuten und Sachverständigen durchgeführt und bewertet werden.

- **Aussagekraft:** Das Verfahren ermöglicht eine Messung des elektrischen oder kapazitiven Widerstandes eines Baumaterials. Das ermittelte elektrische Signal ist bei der Messung desselben Baumaterials proportional der Feuchte des Materials. Werden unterschiedliche Baumaterialien untersucht, ist eine Interpretation über Umrechnungstabellen möglich.

Ausgleichsfeuchte

- **Untersuchungsziele:**
  - Ermittlung, ob auf oder in einem Baumaterial Schimmelpilze wachsen können (möglich)
  - Kontrolle, ob eine technische Trocknung sachgerecht durchgeführt wurde (möglich; es empfiehlt sich, hierfür mehrere Thermohygrometer in Form eines Datenloggers zu verwenden)
  - Lokalisierung und Ausdehnung einer Feuchtequelle (möglich, aber in der Regel aufwendiger als mit der Widerstandsmessung)
- **Aufwand:** Die Untersuchung ist direkt vor Ort möglich. Der apparative Aufwand ist gering (Bohrmaschine und Thermohygrometer mit Messsonde). Der zeitliche Aufwand ist größer als bei der Widerstandsmessung, da die Einstellung der Ausgleichsfeuchte an jedem Messpunkt gewisse Zeit in Anspruch nimmt. Diese Messung sollte nur von qualifizierten Fachleuten und Sachverständigen vorgenommen werden.
- **Aussagekraft:** Das Verfahren ermöglicht eine Messung der Ausgleichsfeuchte von Baumaterialien.

Luftdichtheitsmessung

- **Untersuchungsziele:**
  - Überprüfung, ob die Außenhülle eines Objektes ausreichend dicht ist (möglich).
  - Abschätzung, ob es aufgrund von Leckagen in der Baukonstruktion zu einem Kondensationsschaden kommen kann (möglich).
  - Lokalisierung der luftundichten Stellen einer Baukonstruktion (möglich).
- **Aufwand:** hoch. Mit einem Gebläse wird eine Druckdifferenz (in der Regel Unterdruck) zwischen dem Gebäude und der Außenluft erzeugt. Dann wird der Volumenstrom gemessen, der benötigt wird, um eine vorgegebene Druckdifferenz aufrechtzuerhalten. Mithilfe von Theaternebel können Leckagen in Gebäudehülle sichtbar gemacht werden. Die Messung und Auswertung kann nur durch Spezialisten erfolgen.

- **Aussagekraft:** Mit dem Verfahren kann die Luftdichtheit der Gebäudehülle überprüft werden.

Berechnung der Dampfdiffusion, des Wärmedurchlasswiderstandes oder des Wärmedurchlasskoeffizienten

- **Untersuchungsziel:** Berechnung, ob es in der Baukonstruktion aufgrund der Dampfdiffusion, des Wärmedurchlasswiderstandes oder des Wärmedurchlasskoeffizienten zu einem Feuchteschaden kommen kann (möglich).
- **Aufwand:** Bauphysikalische Berechnungen setzen fundierte Kenntnisse voraus und können daher nur von Fachleuten bewertet werden.
- **Aussagekraft:** Dampfdiffusion, Wärmedurchlasswiderstand und der Wärmedurchlasskoeffizient lassen sich berechnen. Allerdings ist eine Nachkontrolle durch bauphysikalische Messungen notwendig, um zu überprüfen, ob die Baukonstruktion so erstellt wurde wie in den Bauunterlagen angegeben.

Mikrobiologische Untersuchungen

Luft oder Material ohne Schimmelpilze gibt es nur in sterilen Räumen oder wenn Material steril hergestellt wurde. Daher geht es nicht darum festzustellen, ob überhaupt Schimmelpilzsporen vorhanden sind. Das ist immer der Fall. Mikrobiologische Untersuchungen haben vielmehr das Ziel, Werte miteinander zu vergleichen – zum Beispiel Außen- und Innenraumluft, Materialien (Styropor, künstliche Mineralfaser, Rigips) ohne Feuchte-/Schimmelschaden mit gleichen Materialien, bei denen ein Schimmelschaden vermutet wird. Die Ergebnisse der Messungen geben einen Hinweis darauf, ob ein Schimmelschaden wahrscheinlich ist.

Die mikrobiologische Analytik erfordert großen Sachverstand. Sie sollte nur von Expertinnen und Experten durchgeführt werden, die eine entsprechende Qualifikation nachweisen können und nach anerkannten und/oder wissenschaftlich geprüften Methoden arbeiten.

Woran erkenne ich ein qualifiziertes Schimmelpilzlabor?

Bei einem Feuchte-/Schimmelschaden werden Sie nur in Ausnahmefällen selbst ein Schimmelpilzlabor beauftragen, Untersuchungen durchzuführen. Es ist aber von Vorteil, wenn Sie für Ihre Gespräche mit Sachverständigen über einige grundlegende Informationen verfügen und so die Kriterien für die Auswahl eines Labors einordnen können. Von der Leistungsfähigkeit des Labors hängt die Qualität des Gutachtens ab, welches wiederum bei Streitfällen von großer Bedeutung ist. Falls Sie keinen Einfluss auf die Auswahl des Labors haben, sollten Sie nach dessen Qualifikation und den Gründen für die Wahl fragen. Folgende Hinweise helfen Ihnen, die Qualität einzuschätzen.

Qualifizierte Labore

- → besitzen eine Genehmigung zum Arbeiten mit infektiösem Material, vor allem auf dem Gebiet der Schimmelpilzidentifizierung, entsprechend § 44 Infektionsschutzgesetz,
- → haben mehrjährige praktische Erfahrungen und theoretische Kenntnisse auf dem Gebiet der Umweltmykologie
- → nehmen regelmäßig an mykologischen Weiterbildungsveranstaltungen teil,
- → orientieren sich bei ihrer Arbeit (Probenlagerung, Probenaufarbeitung, Identifizierung und Ergebnisberechnung) an den Empfehlungen der DIN ISO 16000 Teil 16 bis 21,
- → machen Angaben zur Validierung, zur Messunsicherheit und zur Bewertung der Ergebnisse und legen diese offen, wenn sie Untersuchungen durchführen, die noch nicht in der DIN ISO 16000 Teil 16 bis 21 beschrieben sind,
- → präzisieren gegebenenfalls in Abstimmung mit den Auftraggebenden in Abhängigkeit von der Zielsetzung die Messaufgabe und machen Angaben zu den zu erwartenden Kosten,
- → verfügen über ein System der internen Qualitätskontrolle und der Nachvollziehbarkeit der Ergebnisse,
- → geben an, nach welchem Bestimmungsschlüssel sie die einzelnen Schimmelpilze identifiziert haben und mit welcher Messwertunsicherheit die erhaltenen Ergebnisse allgemein behaftet sind,
- → nehmen regelmäßig erfolgreich an Ringversuchen wie zum Beispiel „Identifizierung von Schimmelpilzen im Innenraum und in Lebensmitteln des Landesgesundheitsamtes BW und/oder dem „VDB-Ringversuche Gesamtsporenauswertung“ teil,
- → orientieren sich bezüglich der Bewertung ihrer Ergebnisse an den aktuellen Beurteilungskriterien der Innenraum-

→

lufthygiene-Kommission des Umweltbundesamtes wie der Bewertungshilfe für Luftproben – kultivierbare Schimmelpilze und Bewertungshilfe für Luftproben – Partikelauswertung (siehe Umweltbundesamt „Schimmelleitfaden 2017“),

→ geben Hilfestellung zur Interpretation der Ergebnisse nach Rücksprache mit den Probenehmenden bei Ergebnissen, die von Auftraggebenden nicht einschätzbar sind (fehlende Fachkenntnis),

→ geben in ihrer Interpretation der Ergebnisse nur in kurzer Form an, dass Feuchte-/Schimmelschäden ein hygienisches Problem darstellen,

→ nehmen keine medizinischen, baulichen und andere fachfremden Bewertungen der Ergebnisse vor, arbeiten aber in konkreten Einzelfällen kooperativ mit Ärztinnen/Ärzten und anderen Sachverständigen dieser Fachgebiete zusammen.

Bestimmung der Konzentration und des Artenspektrums kultivierbarer Schimmelpilze in der Luft nach aktiver Luftkeimsammlung

→ **Voraussetzung für die Bestimmung:**
- keine Lüftung der Räume innerhalb der letzten acht Stunden; gegebenenfalls Klimaanlage ausstellen
- Müll, Obst und Ähnliches sollten am Tag vorher (mindestens vor der letzten Lüftung) entfernt werden.

→ **Untersuchungsziele:**
- Ermittlung, ob ein Schimmelschaden wahrscheinlich ist oder nicht (möglich)
- Ermittlung, ob eine Schimmelsanierung ordnungsgemäß durchgeführt wurde (nur bedingt möglich)
- Ermittlung der Quelle einer Schimmelpilzinfektion des Bewohners (ist in der Regel nicht möglich)
- Beurteilung der von dem vorliegenden Feuchte-/Schimmelschaden ausgehenden gesundheitlichen Risiken (nicht möglich)

→ **Aussagekraft:**
- Eine repräsentative Probe ist schwierig zu realisieren, da in der Regel selbst bei Mehrfachmessungen nur eine Kurzzeitmessung erfolgt und die Anzahl der kultivierbaren Schimmelpilzsporen (KBE) von der Außenluft und damit von der Region, der Vegetation, der Witterung und der Jahreszeit abhängt.

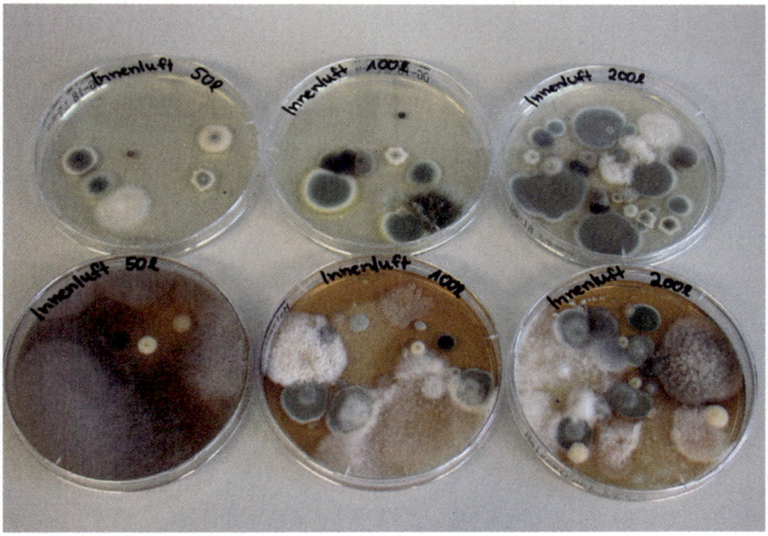

Abb. 3: Kultivierung einer Luftprobe; Probenahme von drei unterschiedlichen Volumina (50, 100 und 200 l); Kultivierung auf zwei unterschiedlichen Nährmedien (DG18- und Malzextrakt-Agar)

- Eine Quantifizierung der Schimmelpilze kann schwierig sein, da sich die unterschiedlichen Schimmelpilzarten gegenseitig in ihrem Wachstum beeinflussen und die Kultivierung einiger Schimmelpilze nicht auf einem Standardnährmedium möglich ist. Die Messwertunsicherheit liegt bei rund 30 Prozent. Das heißt, wenn mittels einer Einzelmessung beispielsweise ein Wert von 100 KBE/m^3 bestimmt wurde, können in der Luftprobe 70 bis 130 KBE/m^3 vorhanden sein.
- Eine Identifizierung aller Schimmelpilze kann schwierig sein, da die einzelnen Schimmelpilzarten in unterschiedlich hoher Konzentration vorliegen und sie sich gegenseitig in ihrem Wachstum beeinflussen können.
- Statistisch abgeleitete Beurteilungskriterien sind vorhanden.

Bestimmung der Konzentration kultivierbarer Schimmelpilze und des Artenspektrums in der Luft nach passiver Probenahme durch Sedimentationsplatten

→ **Untersuchungsziele:**
  - Von Umweltapotheken und Laboren angebotener Test zur Abklärung, ob ein Feuchte-/ Schimmelschaden vorliegt (nicht möglich)
  - Von einigen Umweltmedizinern und Allergologen genutztes Verfahren, um zu belegen, dass eine nachgewiesene Sensibilisierung in Zusammenhang mit einem vorliegenden Schimmelbefall steht (nicht möglich).

→ **Aussagekraft:** Es ist weder eine repräsentative Probenahme, noch eine Quantifizierung der Schimmelpilze oder eine Erfassung aller Schimmelpilze möglich. Außerdem gibt es weder toxikologisch noch statistisch abgeleitete Beurteilungskriterien. **Von dieser Methode ist deshalb eindeutig abzuraten.**

Bestimmung der Konzentration und des Artenspektrums kultivierbarer Schimmelpilze in Baumaterial mithilfe der Suspensionsmethode

→ **Untersuchungsziel:**
Ermittlung, ob in Baumaterialien ein relevanter Schimmelpilzbefall vorliegt oder nicht, zum Beispiel in/auf Styropor oder künstlichen Mineralfasern (durch Vergleich mit Referenzwerten für das jeweilige Material möglich).

→ **Aussagekraft:**

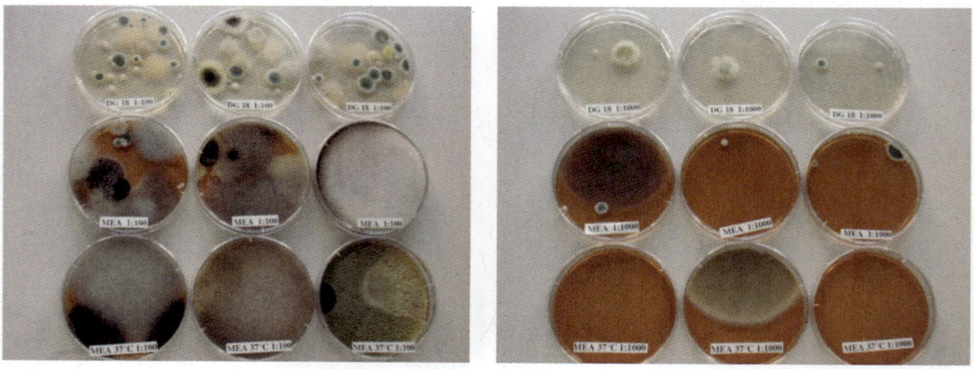

Abb. 4: Kultivierung einer Materialprobe in unterschiedlichen Verdünnungsstufen (1:100 und 1:1000) auf zwei unterschiedlichen Nährmedien (DG18- und Malzextrakt-Agar bei 25 °C und 37 °C)

- Mehrfachbestimmungen, Mischproben oder genügend große Proben – in der Regel circa fünf Gramm – ermöglichen eine repräsentative Probe.
- Eine Quantifizierung der Schimmelpilze ist schwierig, da sich die unterschiedlichen Schimmelpilzarten gegenseitig in ihrem Wachstum beeinflussen und einige Schimmelpilze nicht auf einem Standardnährmedium kultiviert werden können.
- Eine Identifizierung aller Schimmelpilze ist schwierig, da die Konzentrationsunterschiede zwischen den einzelnen Schimmelpilzarten sehr groß sein können und sich die Schimmelpilze zum Teil gegenseitig in ihrem Wachstum beeinflussen. Für einige Baumaterialien sind statistisch abgeleitete Beurteilungskriterien vorhanden.
- Die Messwertunsicherheit der Methode liegt bei rund 30 Prozent.

Bestimmung der Konzentration und des Artenspektrums von kultivierbaren Schimmelpilzen auf Baumaterialien mittels Abklatsch und Abstrich von der Oberfläche

→ **Untersuchungsziele:**
- Abklärung, ob sichtbare Verfärbungen von Oberflächen auf einen Schimmelpilzbefall zurückzuführen sind. Eine Unterscheidung, ob die vorhandenen Schimmelpilzsporen auf einen Befall oder eine Sekundärkontamination (Verunreinigung) zurückzuführen sind, ist nicht möglich.
- Sanierungskontrolle (aufgrund der hohen Nachweisstärke ist dieses Verfahren hierfür nicht geeignet).

→ **Aussagekraft:**
- Eine repräsentative Probenahme ist nicht möglich.
- Es ist nur eine semi-quantitative Bestimmung möglich, sinnvoller ist eine Beschreibung der Koloniedichte auf dem Nährboden (zum Beispiel: vereinzelt, viel, Rasenbildung).
- Eine Identifizierung aller Schimmelpilze ist aufgrund der Konzentrationsunterschiede zwischen den einzelnen Schimmelpilzarten, der unterschiedlichen biologischen Aktivität der vorliegenden Schimmelpilze und wegen der zum Teil großen gegenseitigen Beeinflussung nur bedingt möglich.
- Es gibt weder toxikologisch noch statistisch abgeleitete Beurteilungskriterien.

Bestimmung von Schimmelpilzsporentypen und Myzelbruchstücken in der Luft mittels Partikelauswertung (Direktmikroskopie) nach aktiver Probenahme

→ **Voraussetzung für die Bestimmung:**

- keine Lüftung der Räume innerhalb der letzten acht Stunden; gegebenenfalls Klimaanlage ausstellen
- Müll, Obst und Ähnliches sollten am Tag vorher (mindestens vor der letzten Lüftung) entfernt werden.
- Bei der Kontrolle von Schimmelschadensanierungen in Innenräumen ist gemäß WTA-Merkblatt 4-12 Ausgabe: 05.2021/D eine „Mobilisierung" mittels Ventilator vorzunehmen; 10 Minuten nach der Mobilisierung erfolgt die Luftmessung. Zur Bewertung siehe Tabelle.

→ **Untersuchungsziele:**

- Ermittlung, ob ein Schimmelschaden wahrscheinlich ist oder nicht (möglich)
- Ermittlung, ob eine Schimmelsanierung ordnungsgemäß durchgeführt wurde. Es werden sowohl kultivierbare als auch nicht mehr kultivierbare Schimmelpilzsporen bestimmt (möglich).

Bewertungskriterien (Basis: Auswertung diverser Labormessungen) zur Beurteilung des Feinreinigungserfolges zur Kontrolle von Schimmelschadensanierungen in Innenräumen durch Messung der Schimmelpilzbestandteile in der Raumluft gemäß WTA-Merkblatt 4-12

PILZTYP	SPOREN VOR MOBILISIERUNG	SPOREN NACH OBILISIERUNG
Typ *Aspergillus/ Penicillium*	300	800
Chaetomium	50	100
Hyphenstücke	100	300
Stachybotrys	20	50
Typ *Scopulariopsis/Doratomyces*	100	30

→ **Aussagekraft:**

- Eine repräsentative Probenahme ist schwierig zu realisieren, da selbst bei Mehrfachmessungen in der Regel nur eine Kurzzeitmessung erfolgt und die Sporenkonzentration von der Außenluft, der Vegetation, der Witterung und der Jahreszeit abhängt.
- Eine Quantifizierung aller Schimmelpilze ist möglich, wenn die auszuwertende Sammelspur nicht überladen ist, das heißt die Konzentration an Schimmelpilzsporen und/oder Staubpartikeln nicht zu hoch ist. Die Quantifizierung setzt

allerdings große Erfahrung voraus und ist aufwendig. Die Messwertunsicherheit ist abhängig von der Konzentration und liegt je nach Konzentration zwischen über 50 bis 20 Prozent.
- Eine Identifizierung aller Schimmelpilze ist nur von einzelnen Schimmelpilzsporentypen möglich. Statistisch abgeleitete Beurteilungskriterien sind vorhanden.

Bestimmung von Schimmelpilzsporen und -myzel in Baumaterial mittels Direktmikroskopie zum Beispiel mithilfe eines Folienkontaktprobepräparates

→ **Untersuchungsziel:**
Absicherung des Verdachts, dass Baumaterial aktiv befallen ist oder war (möglich)

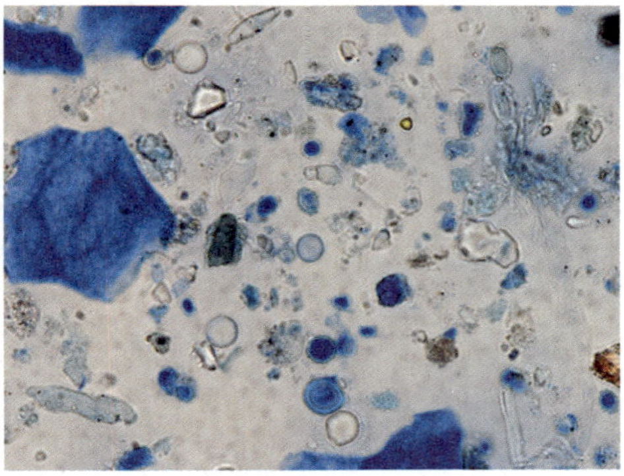

Abb. 5: Direktmikroskopische Bestimmung von Schimmelpilzsporentypen und Myzelbruchstücken mittels Partikelauswertung

→ **Aussagekraft**:
- Eine repräsentative Probe ist nicht möglich.
- Eine Quantifizierung aller Schimmelpilze ist nicht möglich; eine Unterscheidung zwischen noch lebenden und schon abgestorbenen Schimmelpilzsporen und -myzel ist ebenfalls nicht möglich. Es kann aber eingeschätzt werden, ob ein Schimmelpilzbefall vorgelegen hat oder noch vorliegt, oder ob es sich um eine sekundäre Verunreinigung handelt. Gegebenenfalls erhält man Hinweise auf das Alter des Befalls.
- Eine Identifizierung der Art aller vorliegenden Schimmelpilze ist nur in Ausnahmefällen möglich, eine Bestimmung der vorliegenden Gattung ist in der Regel möglich.
- Es gibt weder toxikologisch noch statistisch abgeleitete Beurteilungskriterien.

Medizinische Diagnostik

Grundlage jeder medizinischen Diagnostik ist die sorgfältige Erhebung der individuellen Krankengeschichte (Anamnese). Dabei wird darauf geachtet, ob die Patientin oder der Patient besonders anfällig ist für mögliche gesundheitliche Wirkungen von Schimmelpilzen (→ Seite 45). Das ist der Fall bei

→ einer besonders ausgeprägten Abwehrschwäche, zum Beispiel aufgrund einer Tumorerkrankung, Leukämie, einer Stammzell- oder Organtransplantation, einer HIV-Erkrankung (AIDS)
→ ausgeprägten Verläufen einer Infektion mit Influenza (Virusgrippe)
→ ausgeprägten Verläufen einer Infektion mit SARS-CoV-2 (COVID-19);
→ Mukoviszidose (Zystische Fibrose);
→ Asthma bronchiale.

Personen mit solchen Erkrankungen müssen in der Regel besonders davor geschützt werden, weiterhin mit einem Feuchte-/Schimmelschaden in Kontakt zu kommen.

Bei der Klärung der Frage, welche gesundheitlichen Wirkungen von einem Feuchte-/Schimmelschaden ausgehen können, wird die Ärztin oder der Arzt die Vor- und Nachteile der verschiedenen medizinischen Untersuchungsmethoden sorgfältig abwägen.

→ Es gibt zurzeit **keine zuverlässigen Untersuchungsmethoden zum Nachweis von Allergien gegen Schimmelpilze**, die bei Feuchte-/Schimmelschäden im Innenraum vorkommen. Für die meisten dieser Schimmelpilze stehen keine (validen) kommerziell erhältlichen Testextrakte für den Nachweis einer Sensibilisierung bei Menschen (sogenannte Allergietests) zur Verfügung.
→ Es gibt **keine zuverlässigen Untersuchungsmethoden zum Nachweis von durch Einatmung in den Körper aufgenommenen Mykotoxinen**.
→ Zwar kann die verursachende Schimmelpilzart nachgewiesen werden, die bei besonders ausgeprägter Abwehrschwäche eine **Schimmelpilzinfektion** ausgelöst hat. Allerdings ist daraus **kein Rückschluss auf die Quelle** dieses **nachgewiesenen Schimmelpilzes möglich**. Gründe hierfür sind die lange Inkubationszeit und die weite Verbreitung von Schimmelpilzen.

→ TIPP
Auch andere Ursachen als ein Feuchte-/Schimmelschaden kommen für gesundheitliche Probleme infrage, zum Beispiel chemische Innenraumschadstoffe, Erkrankungen. Diese Möglichkeiten sind ebenfalls abzuklären.

Allergologische Untersuchungsmethoden

Diagnostik auf eine Typ-1-Allergie (allergische Konjunktivitis, Rhinitis, Rhinosinusitis, allergisches Asthma bronchiale)

Hauttest (Pricktest, Intrakutantest)

→ **Untersuchungsziele:**
- Test, ob eine Sensibilisierung gegenüber als Testsubstanz verfügbaren Schimmelpilzallergenen vorliegt (möglich).
- Test, ob eine Sensibilisierung gegenüber einem speziellen, bei einem Feuchte-/ Schimmelschaden in Innenräumen vorkommenden Schimmelpilz vorliegt (meist nicht möglich, da es derzeit nur sehr wenige kommerzielle innenraumbezogene Schimmelpilzallergene gibt).
- Test, ob eine Allergie gegenüber einem Allergen vorliegt (nicht möglich, da mit dem Test nur nachgewiesen werden kann, ob eine Person gegen das Allergen sensibilisiert ist, aber nicht, ob es bei Kontakt mit dem Allergen zu einer allergischen Reaktion (Allergie) kommt).

→ **Aufwand:** Die Pricktest-Lösung muss im Kühlschrank vorgehalten werden. Sie hat eine befristete Haltbarkeit. Für die Durchführung und das Ablesen ist geschultes Personal notwendig. Gesamtdauer circa 30 Minuten. Der Testaufwand für ein Allergen oder einige wenige Allergene ist höher als ein Nachweis von spezifischem IgE (Immunglobulin E).

→ **Aussagekraft:**
- Mittels des Hauttests kann nachgewiesen werden, ob bei einer Patientin oder einem Patienten eine Typ I-Sensibilisierung gegenüber einem spezifischen Allergen besteht (Substanz, die Überempfindlichkeitsreaktionen auslöst). Für den Test muss das spezifische Allergen in definierter Konzentration und Reinheit möglichst kommerziell zur Verfügung stehen. Es ist nur eine teilweise Bestimmung der Intensität der Sensibilisierung möglich. Kommerziell stehen nur wenige in Innenräumen vorkommende Schimmelpilzallergene zur Verfügung. Die Aussagekraft des Hauttests ist daher für den Nachweis einer spezifischen Sensibilisierung gegenüber Schimmelpilzen bei Feuchte-/Schimmelschäden im Innenraum gering. Das Verfahren kann nicht nachweisen, ob eine Sensibilisierung auch zu einer klinischen allergischen Reaktion auf das Allergen (Allergie) führt.

- Vorteile: kostengünstig, Ergebnis liegt sofort vor.
- Nachteile: wiederholter Einstichschmerz (für Kleinkinder daher weniger geeignet), nicht durchführbar bei Schwangerschaft, Hautveränderungen, systemischer Therapie mit Antihistaminika, Kortison und Betablockern.

Nachweis spezifischer Antikörper vom Typ IgE im Serum

→ **Untersuchungsziel:**
Die Untersuchungsziele und die Möglichkeit, diese zu realisieren, unterscheiden sich nicht vom Hauttest (→ Seite 123 f.).

→ **Aufwand:** Es ist nur eine Blutentnahme notwendig, der Test selbst wird in speziellen Labors durchgeführt. Der Aufwand ist geringer als beim Hauttest. Weil die Probe im Labor untersucht wird, fallen jedoch höhere Kosten an.

→ **Aussagekraft.**
- Die Aussagekraft ist vergleichbar mit dem Hauttest, da für dieses Verfahren kommerziell nur wenige Testallergene für innenraumassoziierte Schimmelpilze zur Verfügung stehen. Bei Einzelallergenen ist eine genauere quantitative Bestimmung der Sensibilisierung möglich im Vergleich zum Hauttest.
- Vorteile: keine Nebenwirkungen, größeres Angebot an Testsubstanzen als beim Hautpricktest
- Nachteile: teurer, Ergebnisse liegen erst nach einigen Tagen vor.

Provokationstest (konjunktival, nasal, bronchial)

→ **Untersuchungsziel:**
Nachweis, ob eine Sensibilisierung bei Kontakt mit dem Allergen eine allergische Reaktion hervorruft (prinzipiell möglich. Da jedoch für innenraumassoziierte Schimmelpilze nur eine geringe Anzahl von kommerziell angebotenen Allergenen zur Verfügung steht, sind die Möglichkeiten dieser Untersuchungsmethode zurzeit begrenzt).

→ **Aufwand:** Die Patientin oder der Patient wird kontrolliert mit unterschiedlichen allergenen Substanzen in Kontakt gebracht, zum Beispiel über die Augenbindehaut, die Nasenschleimhaut oder die Bronchien, da die klinischen allergischen Erkrankungen einer Typ-I-Sensibilisierung vor allem Konjunktivitis (Entzündung der Augenbindehaut), Rhinitis (Entzündung der Nasenschleimhaut) und Asthma sind. Der Aufwand für einen Provokationstest ist sehr hoch. Grund sind die notwendigen Maßnahmen zum Schutz der Patientin oder des Patienten vor gesundheitlich unerwünschten Wirkungen.

→ **Aussagekraft:**
- Die Körperreaktionen ermöglichen der Ärztin oder dem Arzt eine zuverlässige Beurteilung, ob ein oder mehrere Allergene eine allergische Reaktion hervorrufen (Allergie-Nachweis).
- Vorteile: direkter Nachweis einer klinisch relevanten Typ-I-Allergie.
- Nachteile: hoher Kosten-, Zeit- und Personalaufwand; gesundheitliche Gründe, die gegen die Anwendung der Methode sprechen (sogenannte Kontraindikationen) müssen beachten werden; Risiko-Nutzen-Abwägung ist notwendig, da gesundheitlich unerwünschte Reaktionen ausgelöst werden können; Aufklärung des Patienten ist notwendig.

GUT ZU WISSEN

Die **serologische Bestimmung von spezifischen IgG-Antikörpern** ist nur beim klinischen Verdacht einer Exogen-allergischen Alveolitis (EAA; allergisch bedingte Entzündung der Lungenbläschen) sowie gemeinsam mit der serologischen Bestimmung spezifischer IgE-Antikörper bei klinischem Verdacht einer Allergischen bronchopulmonalen Aspergillose (ABPA) sinnvoll, nicht jedoch bei einer allergischen Soforttypreaktion durch Schimmelpilze.
Da Schimmelpilzallergene nicht zu einer Spättyp-(Typ IV)-Sensibilisierung führen, sind **Lymphozytentransformationstestungen (LTT)** auf Schimmelpilze nicht geeignet.

Was tun bei einem Feuchte-/ Schimmelschaden?

Tritt in Wohnräumen Feuchtigkeit oder Schimmel auf, ist der erste Reflex, den Schaden so schnell wie möglich zu beseitigen. Angst vor Folgeschäden, Ekel und Sorgen um die eigene Gesundheit führen leicht zu vorschnellem Handeln.

Aus rechtlicher Sicht ist es aber immens wichtig, dass Sie die Schäden so schnell wie möglich melden und sorgfältig dokumentieren. Sonst bekommen Sie möglicherweise Probleme, wenn es um die Frage geht, wer die Sanierung am Ende bezahlen muss. Das folgende Kapitel beschreibt zunächst Schritt für Schritt, was Sie aus rechtlicher Sicht bei einem Feuchte-/Schimmelschaden beachten müssen. Danach erfahren Sie, welche Schäden Sie selbst beheben können und was dabei ganz praktisch zu beachten ist. Abschließend wird erklärt, wann Sie eine Fachfirma beauftragen müssen und wie die professionelle Sanierung eines Feuchte-/Schimmelschadens abläuft.

→ TIPP

Sobald Sie den Schaden entdecken, müssen Sie ihn melden. Wer Ihre Ansprechperson ist, hängt von den Wohnverhältnissen ab. Infrage kommen Eigentümer, Hausverwaltung, Versicherung, Bauträger oder Träger der Einrichtung. Folgende Angaben sind wichtig:

- Name und Datum
- Wo und wann wurde der Schaden entdeckt?
- Bitte um die Klärung der Ursache und der Ausdehnung des Schadens durch Sachverständige.
- Aufforderung zur Beseitigung des Schadens. Diese Meldung müssen Sie im Streitfall belegen können. Am sichersten ist ein Einschreiben.

GUT ZU WISSEN

Diese **Beratungsstellen** verfolgen keine kommerziellen Eigeninteressen. Dort erhalten Sie eine kompetente Erstberatung, wenn Sie einen Schimmelschaden feststellen.

- → lokale oder regionale Netzwerke zur Schimmelpilzberatung: Eine Übersicht der Beratungsstandorte steht im Internet unter **www.umweltbundesamt.de** – Stichwort „Themen" – „Gesundheit" – „Umwelteinflüsse auf den Menschen" – „Schimmel" – „Netzwerk Schimmelpilzberatung";
- → Verbraucherzentralen;
- → Gesundheitsämter;
- → Beratungsstellen des Deutschen Mieterbundes;
- → Haus- und Grundeigentümervereine;
- → Berufsverbände wie zum Beispiel Bundesverband Schimmelpilzsanierung (BSS) oder Berufsverband Deutscher Baubiologen (VDB)
- → lokale oder regionale Energieberatungszentren;
- → lokale oder regionale Fachverbände des Handwerks;
- → Umweltbundesamt.

Bei einer **Erstberatung** sollten Sie erfahren, wie Sie bei einem Feuchte-/Schimmelschaden am besten vorgehen. Folgende Fragen sind dabei wichtig:

- → Wie verhalte ich mich richtig?
- → Wer hilft mir wann weiter?
- → Wer ist über das Vorliegen des Schadens zu informieren?
- → Welche konkreten Fragen sollten geklärt werden? Und sind diese Fragen überhaupt zu beantworten?
- → An wen kann ich mich in meiner Region wenden?

Die Erstberatung sollte immer das Ziel haben, das vorliegende Problem zu versachlichen und die Ursache zu suchen. Zunächst geht es nicht darum, zu klären, wer für die Behebung des Schadens aufkommen muss. Dafür müssen in aller Regel weitere Fachleute hinzugezogen werden. Und es ist nicht Aufgabe der Beraterinnen und Berater, Argumente zu sammeln, um der jeweils anderen Partei die Schuld zuweisen zu können.

Schritt für Schritt: So gehen Sie aus rechtlicher Sicht am besten vor

Schritt 1: Notmaßnahmen treffen

Sie dürfen Notmaßnahmen treffen. Sie müssen das sogar zu Ihrer eigenen Sicherheit. Ist zum Beispiel Ihre Vermieterin oder Ihr Vermieter nicht gleich erreichbar, dürfen Sie einen Installateurbetrieb damit beauftragen, eine Wasserleitung abzusperren oder auch ein offensichtlich vorhandenes Leck zu schließen. Solche Maßnahmen entsprechen in der Regel zumindest dem mutmaßlichen Willen Ihrer Vermieterin oder Ihres Vermieters und können ihm anschließend in Rechnung gestellt werden. Weitere Eingriffe in dessen Eigentum sollten Sie aber nicht vornehmen. Die Berechtigung für solche Notmaßnahmen haben Sie in jedem Rechtsgebiet. In einigen Fällen, etwa im Mietrecht und im Sachversicherungsrecht, gehören sie sogar zu Ihren Obliegenheiten, also Ihren Pflichten.

Schritt 2: Rechtsverhältnis klären

Sie sollten prüfen, welche Rechtsverhältnisse bei der Bearbeitung des Feuchte-/Schimmelschadens eine Rolle spielen. Denn davon hängt ab, wen Sie informieren müssen.

→ Als **Mieterin oder Mieter einer Wohnung** sind Sie zwar Besitzer, nicht aber Eigentümer der Wohnung. Ein Feuchte-/Schimmelschaden betrifft in der Regel nicht nur Ihr eingebrachtes Eigentum, sondern die Wohnung selbst. In diesem Fall sieht das Mietrecht vor, dass Sie Ihre Vermieterin oder Ihren Vermieter informieren müssen. Achten Sie darauf, den Schaden so zu beschreiben, dass sie oder er weiß, welche Bereiche der Wohnung betroffen sind und wo in den Räumen sichtbare Schadensfolgen wie dunkle Stellen, sichtbarer Befall und Ähnliches wahrnehmbar sind. Ferner muss sie oder er wissen, wann Sie den Schaden entdeckt haben. Die Angabe dieses Zeitpunktes dient auch Ihrer eigenen Sicherheit. Die Mitteilung an die Vermieterin oder den Vermieter soll nämlich „ohne schuldhaftes Zögern“ erfolgen. Bereits eine verspätete Mitteilung kann eine Obliegenheitsverletzung, also eine Pflichtverletzung, darstellen. Starre Fristen gibt es nicht. Der Gesetzgeber zielt mit dem Begriff „ohne schuldhaftes Zögern“ auf die wortwörtliche Bedeutung: Wenn Sie zum Beispiel einen Schaden nachts entdecken, reicht der Anruf bei Ihrer Vermieterin am nächsten Morgen. Wenn Sie einen Schaden kurz vor einem zweiwöchigen

Urlaub entdecken, genügt es nicht, wenn Sie sie nach Ihrer Rückkehr informieren. Sie sollten sicherstellen, dass Sie die Mitteilung später beweisen können. Am besten ist ein Brief per Einschreiben oder durch Einwurf-Einschreiben mit Einlagebeleg. Zur Klarstellung: Selbstverständlich sind auch alle anderen Mitteilungswege – telefonisch, elektronisch, per Fax oder einfachem Brief – zulässig. Die Dokumentation der Mitteilung dient nur dazu, bei eventuellen Streitigkeiten beweisen zu können, dass Sie Ihre Vermieterin rechtzeitig informiert haben.

→ Prüfen Sie, ob der von Ihnen festgestellte Schaden möglicherweise von einer **Sachversicherung** gedeckt ist. Denn es ist als Versicherungsnehmerin oder -nehmer Ihre Aufgabe, die jeweilige Sachversicherung zu informieren. Ist die Wohnungseinrichtung betroffen, müssen Sie den Schaden an Ihre Hausratversicherung melden. Schäden am Gebäude muss die Vermieterin oder der Vermieter ihrer bzw. seiner Gebäudeversicherung mitteilen. Auch hier gilt: Im Streitfall sollten Sie die Mitteilung nachweisen können. In der Regel schicken die Versicherungen nach der telefonischen Erstmeldung ein Schadensformular zu. Es dient letztlich auch als Nachweis der Schadensmeldung. Bleibt das Formular aus, sollten Sie den sicheren Weg wählen und die Versicherung schriftlich – am besten per Einschreiben – über den Schaden informieren.

→ Sind Sie selbst **Eigentümerin oder Eigentümer**, sollten Sie ebenfalls prüfen, ob der Schaden von einer Sachversicherung gedeckt sein kann. Als Eigentümer haben Sie in der Regel eine Gebäudeversicherung, die Sie sofort informieren sollten. Im Streitfall müssen Sie die Meldung nachweisen können.

→ Als **Eigentümerin oder Eigentümer** ist es wichtig zu prüfen, ob der Schimmelschaden möglicherweise unter ein Gewährleistungsrecht fällt (→ Seite 182 ff.). Handelt es sich um einen Neubau (oder eine neue Eigentumswohnung), kann der Befall durchaus Folge eines Baumangels sein.

→ TIPP

Liegt Ihre Wohnung in einer Wohnungseigentumsanlage, sollten Sie parallel auch die Hausverwaltung informieren. Dies empfiehlt sich schon deswegen, weil die Hausverwaltung ohnehin den Zustand des Gebäudes überwachen muss. In der Regel hat sie auch bessere Möglichkeiten, Notmaßnahmen zu veranlassen.

GUT ZU WISSEN

Die **Gewährleistung** ist im Werkvertragsrecht geregelt. Vereinfacht gesagt geht es darum, dass ein Unternehmen verpflichtet ist, ein Bauwerk mangelfrei herzustellen. Gelingt ihm das nicht, kann der Besteller Gewährleistungsrechte geltend machen und als Erstes verlangen, dass der Mangel beseitigt wird.

Sie müssen die eigentliche Ursache nicht selbst ergründen. Es reicht aus, wenn Sie die Mangelfolgen benennen (Symptomtheorie des Bundesgerichtshofs). Das, was Sie sehen können, sollten Sie beschreiben und dem Werkunternehmen mitteilen (Mängelrüge) (→ Seite 182). Im Gewährleistungsrecht des Werkvertrages ist es dann unabdingbar, dem Unternehmen eine angemessene Nacherfüllungsfrist zu setzen. Was angemessen ist, muss im Einzelfall geprüft werden; es gibt hier keine allgemeine Regel. Auch für eine solche Mängelrüge gilt, dass ihr Zugang im Streitfall beweisbar sein muss. Deshalb sollte sie per Einschreiben verschickt werden.

Schritt 3: Schaden dokumentieren

Egal ob Mieter oder Eigentümerin: Dokumentieren Sie den Schaden so gut wie möglich. Dazu ist es hilfreich, Gedächtnisprotokolle anzufertigen. Schreiben Sie stichpunktartig auf, was Sie wann festgestellt haben. Notieren Sie, wer außer Ihnen anwesend war und den Schaden bezeugen kann. Halten Sie den Schaden möglichst auch fotografisch fest. Solche Bilder können bei späteren Streitigkeiten von großer Bedeutung sein. Bereits in dieser Phase kann es für Sie nützlich sein, sich an eine Sachverständige oder einen Sachverständigen zu wenden (→ Seite 102 f.). Deren Aufgabe ist nicht nur, die Ursachen zu ergründen, sondern auch die fachgerechte Dokumentation des Schadens.

Schritt 4: Mit der Gegenpartei sprechen

Suchen Sie von sich aus den Kontakt mit Ihrem jeweiligen Gegenüber. Erfahrungsgemäß entstehen Konflikte auch dadurch, dass nicht ausreichend kommuniziert wird. Falls Sie alleine nicht weiterkommen, hilft unter Umständen ein **Schlichtungsversuch** bei einer anerkannten Schlichtungsstelle weiter. Solche Schlichtungsstellen finden Sie über die für Ihren Bezirk zuständige Rechtsanwaltskammer, die örtliche Industrie- und Handelskammer (IHK) oder Handwerkskammer. Bisweilen bieten auch andere Verbände oder Kooperationen Schlichtungen an. Ein solcher Schlichtungsversuch kann jedenfalls nicht schaden.

Bei einer **Schiedsgutachtensvereinbarung** sieht das anders aus. Hier ist größere Vorsicht geboten. Bei diesem Verfahren einigen sich die Parteien, gemeinsam eine Sachverständige oder einen Sachverständigen damit zu beauftragen, behauptete Mängel zu begutachten und zu bewerten. Der oder die Sachverständige übernimmt in diesem Fall die Rolle eines Schiedsrichters. Solche Sachverständige sind ebenfalls über die Industrie- und Handelskammern (IHK), die Handwerkskammern oder über Sachverständigenverbände zu finden. Aber lassen Sie sich besser rechtlich beraten, bevor Sie dieses Verfahren wählen. Denn solche Schiedsgutachten sind rechtlich bindend, sie haben also bedeutenden Wert. Für den Fall, dass das Schiedsgutachten falsch ist (was bei jedem Gutachten passieren kann), stehen den Parteien allerdings nur sehr bescheidene Rechtsbehelfe zu.

In Versicherungsangelegenheiten bietet das Versicherungsvertragsgesetz eine Sondermöglichkeit an: das **versicherungsrechtliche Sachverständigenverfahren**. Hierbei stellen die Versicherung und der oder die Versicherungsnehmende jeweils eine Gutachterin oder einen Gutachter. Diese sollen den Sachverhalt gemeinsam begutachten und im Idealfall ein einvernehmliches Schadensgutachten schreiben. Gelingt dies nicht, muss eine Obergutachterin oder ein Obergutachter die endgültige Entscheidung treffen. Auf diesen Obergutachter müssen sich die Parteien beziehungsweise beide Sachverständige vorab einigen. Das Obergutachten ist nur angreifbar, wenn es gelingt, dem Obergutachter „offensichtliche" Mängel in seiner Tätigkeit nachzuweisen, was erfahrungsgemäß schwierig ist. Dieses Verfahren ist für die oder den Versicherungsnehmenden freiwillig. Falls Ihnen die Versicherung ein solches Verfahren anbietet, sollten Sie sich vorher rechtlich beraten lassen. Denn ein solches außergerichtliches Verfahren hat, auch wenn es nicht zum Erfolg führt, gleichwohl große Auswirkungen auf ein eventuell doch notwendiges Klageverfahren. Ohne den Nachweis „offensichtlicher" Mängel ist das Gutachten nämlich nicht angreifbar. Ein gerichtliches Verfahren ist dann erheblich schwerer.

→ TIPP

Wenn Sie im Verlauf der oben genannten Schritte unsicher werden, Sie nach einer Schadensmeldung auf Widerstand stoßen oder Sie feststellen, dass Ihr Gegenüber voreilig Schuldzuweisungen äußert, **dann lassen Sie sich rechtzeitig rechtlich beraten,** zum Beispiel bei den örtlichen Mieter- oder Haus- und Grundeigentümervereinen. Fehler, die am Anfang gemacht werden, lassen sich nachträglich nur schwer oder gar nicht mehr korrigieren.

Schritt 5: Gerichtliche Beweisaufnahme

Die Zivilprozessordnung sieht vor, dass eine gerichtliche Beweisaufnahme isoliert, also ohne Klageverfahren, erfolgen kann. Diese Möglichkeit ist das Beweissicherungs- oder kürzer Beweisverfahren. Im ersten Schritt muss ein Antragsgegner benannt werden. Im genannten Beispiel könnte das die Vermieterin oder der Vermieter sein, aber auch die Baufirma, wenn es sich um einen Gewährleistungsfall handelt. Dann muss in einer Antragsschrift eine Beweisbehauptung aufgestellt werden, zum Beispiel, dass im Schlafzimmer einer Wohnung oberhalb des Fensters aufgrund baulicher Mängel großflächig Schimmel sichtbar ist. Im dritten Schritt muss das Rechtsverhältnis zwischen den Parteien und die Mangelbehauptung(en) in einer Begründung dargelegt werden.

Das Gericht erlässt dann einen Beweisbeschluss und bestimmt eine Sachverständige oder einen Sachverständigen, die oder der diese Frage(n) in Form eines Gutachtens klärt. Die Zivilprozessordnung sieht vor, dass die oder der Betroffene ein solches Verfahren ohne Rechtsbeistand führen kann. Allerdings gelten die Regeln der Zivilprozessordnung. Um Fehler zu vermeiden, sollten Sie sich deshalb unbedingt vorher rechtlich beraten lassen.

Schritt 6: Gerichtliche Klärung

Falls die Aufarbeitung eines Schimmelschadens einer gerichtlichen Klärung bedarf, hängt viel von der vorherigen Dokumentation und Ihrer anwaltlichen Unterstützung ab. Die Rechtsanwältin oder der Rechtsanwalt hat zunächst die Aufgabe, Sie über Chancen und Risiken einer rechtlichen Auseinandersetzung aufzuklären. Um Missverständnissen vorzubeugen: Diese Beurteilung kann nicht nach Prozentangaben erfolgen; die Rechtskunde ist eben nicht die Wissenschaft der Mathematik. Ihre Anwältin oder Ihr Anwalt muss zunächst ermitteln, ob überhaupt Klagereife gegeben ist, der Fall also schon eingereicht werden kann. Das ist oft nicht der Fall, weil zum Beispiel zuvor noch Fristen gesetzt werden müssen. Außerdem muss die Anwältin oder der Anwalt die zeitliche Dimension im Blick haben und klären, ob der Fall bereits verjährt ist. Schließlich ist es ihre bzw. seine Aufgabe herauszuarbeiten, wie die Beweislasten aufgrund des jeweils in Rede stehenden Rechtsverhältnisses verteilt sind. Sofern, wie meist, die Beweislast auf Ihrer Seite liegt, kommt es wesentlich darauf an, ob und wie der Tatbestand bereits dokumentiert wurde. Falls hier Lücken bestehen, wird Ihre Rechtsanwältin oder Ihr Rechtsanwalt Sie darauf hinweisen, diese noch zu schließen. Liegt ein Privatgutachten vor, wird sich sie oder er gegebenenfalls auch mit der begutachtenden Person in

Verbindung setzen (was Sie allerdings vorher gestatten müssen). Es ist gut möglich, dass Ihre Anwältin oder Ihr Anwalt von einer Klage abrät, etwa weil die vorprozessualen Möglichkeiten noch nicht ausgeschöpft sind. Trotzdem lohnt sich die anwaltliche Vertretung. Sie gewinnen in jedem Fall ein gewisses Maß an Rechtssicherheit, um weitere Schritte vernünftig planen zu können.

Schritt 7: Verjährungsfristen beachten

Für die Verfolgung eigener Ansprüche vor Gericht sieht das Gesetz Verjährungsfristen vor. Nach derzeitiger Gesetzeslage gilt in den meisten Fällen eine einheitliche Verjährungsfrist von drei Jahren. Sie beginnt am Ende des Jahres, in dem sich der Schaden ereignete. Wenn Sie also im Sommer 2015 einen Feuchteschaden hatten, endet die Verjährungsfrist in aller Regel am 31.12.2018. Aber auch hier gilt: Es gibt viele Abweichungen, je nachdem, in welchem Rechtsgebiet Sie sich befinden. Das Risiko, dass die Zeit abläuft, ist groß.

So kann es durchaus vorkommen, dass ein Schaden durch andere äußere Ereignisse überlagert wird und zum Schluss deswegen nicht mehr darstellbar ist. Deshalb sollten Sie immer zeitnah handeln.

Schritt 8: Privatsachverständige einschalten

In verschiedenen Rechtsgebieten müssen Sie nicht die genauen Ursachen einer Schimmelbelastung darlegen. Es reicht die Angabe der sichtbaren Symptome. Deswegen ist es rein formal nicht unbedingt notwendig, Privatsachverständige hinzuzuziehen. Trotzdem lohnt dieser Schritt in vielen Fällen. Denn mit dem Hintergrundwissen aus einer sachverständigen Beratung stehen Sie in aller Regel besser da. Gute Privatsachverständige können komplizierte Sachverhalte so erklären, dass Sie anschließend in der Lage sind, Ihre weiteren Schritte zu planen. In der gerichtlichen Auseinandersetzung gelten Privatgutachten als „urkundlich belegter Parteivortrag“. Sie haben also einen gewissen Beweiswert. Nach der neueren Rechtsprechung muss ein Gericht ein Privatgutachten genauso ernst nehmen, wie das Gutachten eines gerichtlich bestellten Sachverständigen. Ihr Privatsachverständiger kommt außerdem als sachverständiger Zeuge infrage. Die Kosten für Privatsachverständigen können bei bestimmten Konstellationen einen ersatzfähigen Schaden darstellen, das heißt: Sie werden bezahlt. Das lässt sich aber nur im Einzelfall klären.

Hand anlegen: Das können Sie selbst tun

Schimmel in Innenräumen sollte immer beseitigt werden. Wie dringend die Sanierung ist, hängt von der Größe des Schadens ab. Für die Planung der Sanierung ist es daher wichtig, den sichtbaren Schimmelschaden zu bewerten und das Ausmaß zu beurteilen (→ Seite 52 ff.).

Bevor Sie beginnen, einen Schaden in Eigenregie zu beheben, sollten Sie folgende Hinweise beachten:

- Ist der Schimmelbefall nicht größer als eine Scheckkarte, können Sie ihn selbst entfernen.
- Erstreckt sich der Schaden auf einer Größe bis 0,5 m^2, können Sie ihn mit etwas handwerklichem Geschick und den geeigneten Vorsichtmaßnahmen selbst entfernen – falls die Ursache geklärt und beseitigt wurde.
- Ist die Ursache des Schimmelbefalls erkannt und behoben? Falls nicht, bringt eine Sanierung nicht den gewünschten Erfolg, da die Gefahr besteht, dass sich umgehend neuer Schimmel bildet.
- Ist der Schimmelbefall nur oberflächlich oder sind auch tiefere Schichten betroffen? Bei einem Tiefenbefall, bei Altschäden oder wenn Untergründe betroffen sind, die nicht saniert werden können (zum Beispiel Gipskartonplatten, Holzwerkstoffplatten, Dämmmaterialien), sollte eine Fachfirma die Sanierung übernehmen.
- Gehört eine Bewohnerin oder ein Bewohner zu einer Risikogruppe (→ Seite 34 f.), müssen sie besonders vor dem Schimmel geschützt werden und dürfen sich nicht an der Sanierung beteiligen.
- Ist der Schimmelbefall größer als 0,5 m^2, muss eine Fachfirma die Sanierung übernehmen.
- Falls die Ausdehnung des Schimmelschadens unbekannt ist, sollte ebenfalls eine Fachfirma die Sanierung übernehmen. Der Schaden kann nämlich weit größer sein als optisch erkennbar.
- Liegt modriger Geruch in der Luft, dessen Ursache unklar ist? Dann sollten Sachverständige nach dem Grund suchen.
- Einen Schimmelschaden durch Abwasser oder fäkalienhaltiges Abwasser lassen Sie besser immer von Sachverständigen untersuchen.

Wenn bei einem **größeren Befall** zum Beispiel aus rechtlichen oder technischen Gründen nicht sofort saniert werden kann, sind folgende Hinweise wichtig:

- Schwer zu reinigende, nicht bewachsene Gegenstände abdecken oder aus dem Sanierungsbereich entfernen. Vorsicht! Die Schimmelbelastung ist nicht immer sichtbar.
- Lebensmittel, Spielzeug, Kleidung und ähnliches aus dem Raum entfernen. Vorsicht: Auch diese Gegenstände können von Schimmel befallen sein. Daher sollten Sie glatte Flächen feucht abwischen und Polster etc. mit einem Staubsauger mit HEPA-Filter absaugen.
- Sofortmaßnahmen: Kleinere befallene Fläche kurzzeitig mit Folie und Klebeband staub- und luftdicht abdecken, um eine Sporenbelastung zu reduzieren. Vorsicht: Die Folie kann das Schimmelwachstum fördern. Sie können die Fläche auch provisorisch überstreichen, um die Sporen bis zur Sanierung zu binden. Der Schaden muss umgehend behoben werden.
- Stark befallene Räume nicht mehr nutzen.
- Feuchtigkeit durch Lüften reduzieren. Achten Sie beim Lüften darauf, dass sich über den Luftstrom keine Sporen verteilen.
- Bei einer Überschwemmung oder bei Leitungswasserschäden müssen die betroffenen Räume vollständig ausgeräumt werden. Vorsicht: Die Gegenstände können durch verunreinigtes Wasser mikrobiell belastet sein. Wer unsicher ist, sollte eine Sanierungsfirma mit diesen Arbeiten beauftragen.

Feuchte-/Schimmelschäden in der Fußbodenkonstruktion (Estrichdämmschicht) müssen in der Regel von Fachfirmen behoben werden. Für die Beurteilung sind folgende Fragen wichtig:

- Lässt sich der Feuchteschaden durch eine technische Trocknung beheben oder muss der Fußboden ausgebaut werden?
- Wie stark sind die unmittelbaren und angrenzenden Baustoffe durchfeuchtet?
- Wie hoch ist der Nährstoffgehalt des Wassers, das den Schaden ausgelöst hat (Regen- oder Grauwasser (hoher Nährstoffgehalt), Trink- oder Grundwasser (geringer Nährstoffgehalt)
- Handelt es sich um einen Fäkalschaden? In dem Fall empfehlen wir Ihnen den „Leitfaden zur Beurteilung und Sanierung von Fäkalschäden in Gebäuden" des Berufsverbandes Deutscher Baubiologen VDB e. V., abrufbar unter https://baubiologie.net/media/faekalleitfaden_gelbdruck_220620_02.pdf.
- Hat sich Geruch gebildet?
- Wie alt ist der Schaden?
- Wie hoch ist die Schimmelpilzkonzentration der besiedelten Materialien?

Die Sanierung eines kleinen Schimmelschadens

Betroffenen wird heute eine Vielzahl an Prüfgeräten, Schnelltests und Schimmelmitteln angeboten. Mit diesen Produkten lässt sich viel Geld verdienen. Ob sie tatsächlich nützlich sind, erfahren Sie in diesem Kapitel.

Messen und Prüfen

Mit einem Thermohygrometer können Sie ohne viel Aufwand die Raumlufttemperatur und -feuchtigkeit in Ihren Wohnräumen kontrollieren. Das hilft, Schimmel zu vermeiden. Kommt es zu einem Feuchteschaden, sollten Sie die weiteren Messungen, etwa zur Überprüfung, ob Schimmel vorhanden ist, Fachleuten überlassen. Die Handhabung hochwertiger und teurer Messgeräte sowie die Bewertung der Messergebnisse setzt ein hohes Maß an Fachkenntnis voraus.

→ TIPP

Sedimentationsproben (Nährböden), die für eine bestimmte Zeit aufgestellt werden sollen, um einen Schimmelpilzbefall zu prüfen, haben den Nachteil, dass vorwiegend schwere Sporen sedimentieren und sich auf den Nährböden viel Staub ablagert (→ Seite 118 f.). Von solchen Schnelltests ist grundsätzlich abzuraten. Es gibt auch keine allgemein anerkannte, validierte Methode zu ihrer Durchführung und keine allgemein anerkannten Kriterien zur Beurteilung der Ergebnisse.

Dasselbe gilt für Schnelltests, die eine Aussage über eine mikrobielle Belastung der Raumluft oder von Untergründen versprechen. Diese Schnelltests geben bestenfalls Auskunft über einzelne Schimmelpilzgattungen. So kann es zum Beispiel passieren, dass der Schnelltest nur die Gattung *Cladosporium* erkennt, nicht aber die auch vorhandene Gattung *Aspergillus*. Dadurch kommt es zu einer falschen Einschätzung der Situation. Die Schnelltests sind außerdem äußerst unzuverlässig. Es kann passieren, dass zwei Schnelltests des gleichen Fabrikats, getestet auf demselben Untergrund, einmal eine Schimmelbelastung anzeigen, einmal hingegen nicht. **Auch von solchen Schnelltests ist abzuraten.** Es gibt auch keine allgemein anerkannte, validierte Methode zu ihrer Durchführung und keine allgemein anerkannten Kriterien zur Beurteilung der Ergebnisse.

Nutzen und Schaden von Produkten zur Schimmelbeseitigung

Auf dem Markt werden zahlreiche Mittel zur Beseitigung von Schimmel angeboten. Von diesen Produkten ist abzuraten, da diese die Biomasse eines Schimmelschadens nicht oder nicht vollständig entfernen können. Genau das ist aber das Ziel einer Schimmelsanierung.

- Die meisten dieser Schimmelmittel enthalten fungizide Wirkstoffe oder basieren auf Chlor in Form von Natriumhypochlorid oder auf Wasserstoffperoxid-Fruchtsäurebasis. Die unerwünschten Wirkungen dieser Produkte werden von den Herstellern häufig verharmlost. Der Widerspruch ergibt sich in aller Regel schon aus der Produktbeschreibung. Die meisten der angebotenen Schimmelmittel enthalten Chemikalien, die auf Schimmelpilze abtötend oder wachstumshemmend wirken, aber gleichzeitig Mensch und Umwelt nicht gefährden sollen. Doch chlorhaltige Schimmelentferner reizen Atemwege, Haut und Augen. Viele fungizide Wirkstoffe sind gesundheitlich bedenklich und sollten grundsätzlich nicht in Innenräumen angewendet werden. Produkte auf Fruchtsäurebasis wirken hingegen meist nicht ausreichend gegen den Schimmelbefall. Es ist bisher nicht belegt, dass das allergene und toxische Risiko nach der Abtötung der Schimmelpilze nicht mehr vorhanden ist.
- Auch Hausmittel wie 25-prozentige Essigessenz oder Zitronensäure sollten **nicht angewendet werden**, da beides, wenn überhaupt, nur im sauren Zustand wirkt. Auf alkalischen Untergründen wie Putz neutralisieren sich Säuren jedoch schnell. Die Rückstände können ein Schimmelwachstum dann sogar beschleunigen.

Die verschimmelten Materialien sollten möglichst sofort entfernt werden. Ist das nicht möglich, können kleinflächige Schäden – zum Beispiel die Ecke in einer Fensterlaibung – mit Alkohol (70- bis 80-prozentig) oder Wasserstoffperoxidlösung behandelt werden. Bei diesen Wirkstoffen bleiben keine bedenklichen Rückstände zurück. Wasserstoffperoxid hat jedoch eine oxidierende und bleichende Wirkung. Die behandelten Untergründe können sich also verfärben, und die Baukonstruktion kann beispielsweise durch Korrosion geschädigt werden.

! WICHTIG

Hochprozentiger Alkohol (Ethanol oder Isopropanol 60- bis 70-prozentig) sollte immer nur in geringer Menge und bei geöffnetem Fenster angewendet werden, um die potenzielle Brand und Explosionsgefahr zu mindern. Feuer und Zündquellen sind fernzuhalten. Bei der Nutzung von Wasserstoffperoxid (12-prozentig) sollten Sie insbesondere Augen und Haut schützen.

Sowohl lebende (keimfähige) als auch tote (nicht keimfähige) Schimmelsporen können die Gesundheit beeinträchtigen. Daher wird bei einer fachgerechten Schimmelsanierung in der Regel nicht desinfiziert (abgetötet), sondern dekontaminiert (entfernt). Der Schimmelleitfaden des Umweltbundesamtes rät bis auf ganz wenige Ausnahmen vom Biozid-Einsatz bei Schimmelschäden in Innenräumen ab.

Die richtige Schutzkleidung

Das Ziel jeder Sanierung ist, den Schimmel vollständig zu entfernen. Dabei können, je nach Befall und Zusammensetzung des Untergrunds, hohe Sporenkonzentrationen freigesetzt werden. Deshalb ist es wichtig, auch bei der Sanierung kleiner Schäden Schutzausrüstung zu tragen:

- → Der Schimmel sollte nicht mit bloßen Händen entfernt werden. Tragen Sie wasserdichte Handschuhe, beim Einsatz von Wasserstoffperoxid auch chemikalienbeständige Handschuhe (Nitrilhandschuhe).
- → Um zu verhindern, dass Sie die Sporen einatmen, sollten Sie mindestens eine Feinstaubmaske mit der Bezeichnung FFP2 tragen.
- → Ziehen Sie zum Schutz der Augen eine geschlossene Staubschutzbrille an.
- → Optimal schützt ein Schutzanzug (partikeldichter Einmalanzug Kategorie 3, Typ 5). Ist dieser nicht zur Hand, sollten Sie die Arbeitskleidung nach Beendigung der Arbeiten waschen.

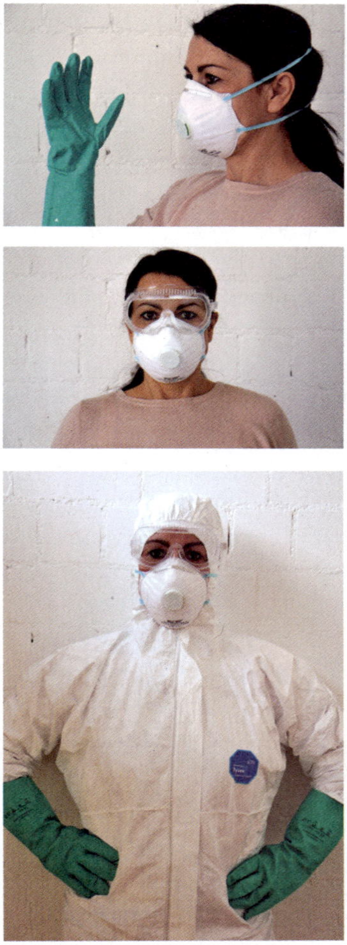

Abb. 1: Wasserdichte Handschuhe, Atemmaske und Schutzanzug

So funktioniert die Sanierung
Die richtigen Maßnahmen hängen vom Ort des Schimmelbefalls und den Ursachen ab. Falls Sie unsicher sind, sollten Sie sich fachlich beraten lassen. In jedem Fall sollten nur gesunde Personen eine Schimmelsanierung durchführen.

Wärmebrücken oder geringer Wasseraustritt (Schäden < 0,5 m²)
Erscheinungsbild Wärmebrücken: Häufig Kondensationsschäden in Fensterlaibungen, Gebäudeaußenecken, im Eckbereich der Decke oder des Fußbodens. Der Schimmelbelag zeigt sich je nach Zusammensetzung und Nahrungsangebot in fast jeder Farbe.

Erscheinungsbild geringer Wasseraustritt: Häufig im Bereich von Waschmaschinen, Wäschetrocknern, Spülmaschinen oder im Bad.

Vorgehen:
→ Ursache beseitigen;
→ Umgebung mit Folie und Klebeband abdecken;
→ vorhandene Tapeten mit Wasser und Spülmittel befeuchten, es kann auch biozidfreier Sporenbinder aus dem Fachhandel oder Kleister zur Sporenbindung aufgebracht werden;
→ vorhandene Tapete in feuchtem Zustand entfernen, sodass kein Staub entsteht und keine Sporen aufgewirbelt werden;
→ Tapete vor Ort in Folie (Plastiktüte) verpacken, verschließen und im Hausmüll entsorgen;
→ den vorhandenen Untergrund (Putz, Beton) von Schimmel reinigen. Untergrund feucht halten, Oberfläche staubarm abtragen. Wenn das nicht möglich ist, wie zum Beispiel bei Beton, Oberfläche reichlich mit Ethanol oder Wasserstoffperoxid einstreichen;
→ während der Arbeiten für eine ausreichende Belüftung sorgen;
→ Türen zu anderen Räumen geschlossen halten, um die Gefahr einer Kontaminierung (Verschleppung/Umverteilung der Schimmelbestandteile) zu reduzieren;
→ Fehlstellen im Putz möglichst mit Kalkputz ergänzen;
→ nach der Trocknung des Putzes die Fläche mit Silikat- oder Kalkfarbe streichen. Diese sind stark alkalisch und daher robust gegen Schimmel.

→ TIPP
Eine Entscheidungshilfe zu Sanierungsmaßnahmen und -zielen finden Sie hier: **www.verbraucherzentrale.de/node/6794**

GUT ZU WISSEN

Zur Reduzierung von Wärmebrücken kann eine **Innendämmung** aufgebracht werden (→ Seite 76 ff.). Obwohl die Hersteller oft damit werben, dass sich eine Innendämmung problemlos von Heimwerkern verarbeiten lässt, ist Vorsicht geboten. Auf dem Markt gibt es eine große Anzahl unterschiedlicher Innendämmungen, die sich im Wesentlichen in den Merkmalen „kapillaraktiv", „mit Dampfbremse" oder „mit Dampfsperre" unterscheiden. Nur Fachleute können die richtige Auswahl treffen, welches System sich für die betreffende Wand eignet, und in welcher Dicke die Innendämmung aufgebracht werden sollte, muss bauphysikalisch berechnet werden. Der Schimmelleitfaden des Umweltbundesamtes empfiehlt zur Innendämmung ausdrücklich Kalzium-Silikat-Platten. Eine Innendämmung muss fachgerecht verarbeitet werden, sonst ist ein erneutes Schimmelwachstum wahrscheinlich. Falls Sie eine Innendämmung aufbringen möchten, sollten Sie sich zuvor immer fachlich beraten lassen.

Silikonfugen

Erscheinungsbild: Häufig auf den Silikonfugen in Bad, WC, Küche oder auf Fensterdichtungen. Der Schimmelpilz kann sich je nach Nahrungsangebot in fast jeder Farbe zeigen. Silikonfugen verfärben sich jedoch meist schwarz, seltener auch rot oder weiß. Silikonfugen **sind nicht dauerhaft dicht** und daher sogenannte Wartungsfugen. Sie sollten je nach Beanspruchung etwa alle acht bis zehn Jahre ersetzt werden. Achtung: Das ist zum Beispiel bei Dusch- und Badewannen keine Angelegenheit für Heimwerker und Mietparteien, sondern gehört in die Hände von Fachleuten

Abb. 2: Verschimmelte Silikonfugen müssen herausgeschnitten werden

> **ACHTUNG**
>
> Bei einem **nicht fachgerechten Austausch des Silikons** kann im Bereich der Fugen Feuchtigkeit eindringen und große Schäden verursachen, zum Beispiel bei Dusch und Badewannen. Daher sollten diese Arbeiten nur von Fachleuten übernommen werden. Insbesondere Mietende sollten diese Arbeiten aus haftungsrechtlichen Gründen nicht selbst übernehmen.

Neuanstrich des Untergrundes

In der Regel muss die bearbeitete Oberfläche nach der Sanierung wieder optisch hergestellt werden. Hierzu steht eine Vielzahl an Produkten zur Verfügung:

- Silikatfarben (pH $\geq$ 11) und Kalkfarben, die aufgrund der hohen Alkalität des Bindemittels das Risiko eines Neubefalls reduzieren. Diese sind auch für Menschen mit Allergien besonders gut geeignet, weil sie keine allergieauslösenden Konservierungsstoffe enthalten.
- Der Schimmelleitfaden des Umweltbundesamtes rät von Dispersionsfarben mit fungiziden Wirkstoffen in Wohn- und Büroräumen ab. Lediglich in Nebenräumen wie Kellern oder Garagen hält er deren Anwendung für vertretbar. Anti-Schimmelfarben enthalten häufig allergieauslösende Isothiazolinone, quartäre Ammoniumverbindungen oder Zinkpyrithion, das als reproduktionstoxisch eingestuft wurde und das ungeborene Kind schädigen kann. Auch Silber oder Silbersalze werden als Biozide eingesetzt. Diese können zur Resistenzbildung bei Bakterien führen. Ob diese bioziden Wirkstoffe in der Farbe bei Feuchtigkeit dauerhaft zur Vermeidung eines Schimmelschadens ausreichen, ist fraglich. Wenn das Feuchteproblem behoben ist, sind wiederum keine Anti-Schimmelfarben mehr nötig.

> **WICHTIG**
>
> **Vorsicht ist geboten bei Dispersionsfarben mit fungiziden Wirkstoffen** wie zum Beispiel Zinkpyrithion, Isothiazolinonen, Silber und Silbersalzen. Solche Farben sind im Handel erhältlich, sie sind jedoch aus Gesundheits- und Umweltsicht kritisch zu bewerten. Als vorbeugende Maßnahmen gegen Schimmelbefall sollten daher Silikat- oder Kalkfarben verwendet werden.

Nach heutigen Erkenntnissen empfiehlt es sich, Produkte auf Silikat- oder Kalkbasis einzusetzen. Aber: Kein Anstrich kann einen Schimmelbefall dauerhaft verhindern. Es ist immer nur eine Verzögerung möglich. Dauerhaft kann Schimmelbefall nur durch die Behebung der Ursache unterbunden werden. Ist das nicht ohne Weiteres möglich, sollten beim Wiederaufbau keine organischen Produkte wie Tapeten, Gipskartonplatten oder Ähnliches verwendet werden. Streichen Sie die Oberflächen mit alkalischen Produkten und beobachten Sie diese sorgfältig. So können Sie die Gefahr einer erneuten Schimmelbildung reduzieren oder verzögern.

Hier müssen Fachleute ran: Sanierung eines großen Feuchte-/Schimmelschadens

Schimmelschäden, die größer als 0,5 m^2 sind, sollten grundsätzlich nur von Firmen saniert werden, die Erfahrung mit der Schimmelbeseitigung haben und über eine entsprechende Ausbildung oder Zertifizierung verfügen. Achten Sie darauf, dass alle erforderlichen Maßnahmen und das Sanierungsziel vor der Auftragserteilung schriftlich festgehalten werden (Sanierungsvereinbarung) und im Angebotspreis enthalten sind.

GUT ZU WISSEN

Als **Sanierungsziel** wird in der Regel der Zustand vereinbart, der vor dem Schimmelbefall vorlag (Normalzustand), das heißt, das Sanierungsziel umfasst in der Regel die Entfernung des Schimmelbefalls mit seiner gesamten Biomasse (Dekontamination) sowie die Feinreinigung (Reinigen aller betroffenen Oberflächen und Einrichtungsgegenständen).
Als Bewertungshilfe dienen in der Regel Werte vom Umweltbundesamt (Abgleich der Innenraumluft mit der Außenluft oder auch der Innenraumluft aus vergleichbaren Räumen im gleichen Gebäude). Häufig werden als Sanierungsziel auch die Bewertungskriterien des WTA-Merkblatts 4-12 Ausgabe: 05.2021/D „Ziele und Kontrolle von Schimmelpilzschadensanierungen in Innenräumen“ vereinbart.

Woran erkenne ich eine qualifizierte Firma für die Schimmelsanierung?

Wird ein Bauwerk, bei dem ein Schimmelbefall sichtbar ist oder vermutet wird, unsachgemäß saniert, kann das negative Folgen für die Bausubstanz haben, das Mobiliar schädigen und die Gesundheit der Bewohnenden oder Nutzenden beeinträchtigen.

Um das zu vermeiden, sollte immer eine qualifizierte Fachfirma die Sanierung übernehmen. Nicht jede Handwerksfirma ist dazu in der Lage. Einige Unternehmen haben sich auf die fachgerechte Beseitigung von Schimmelschäden spezialisiert. Ziel ist die Herstellung eines hygienischen Normalzustandes. Die Schimmelsanierungsfirma muss ihre Kompetenz in der Schimmelsanierung mit der Fachkunde gemäß DGUV 201-028 (TRBA 200 „Anforderungen an die Fachkunde nach Biostoffverordnung“) nachweisen.
Nur in seltenen Ausnahmefällen wie Fäkalschäden sind bei der Schimmelsanierung Desinfektionsmittel erforderlich. Es steht immer die Dekontamination (das Entfernen der Biomasse des Schimmelschadens) im Vordergrund. Firmen, die einen Schimmelbefall ausschließlich mit Biozidprodukten bekämpfen wollen, sind unseriös.

Folgende Kriterien helfen Ihnen, eine qualifizierte Firma zu erkennen.

Qualifizierung

Eine qualifizierte Schimmelsaniererin oder ein qualifizierter Schimmelsanierer

→ hat mindestens eine abgeschlossene Berufsausbildung in einem Ausbildungsberuf mit Meisterprüfung (zum Beispiel Maler, Lackierer, Stuckateur, Schreiner, Zimmermann, Bautenschutz) oder auch ein abgeschlossenes (Fach)Hochschulstudium etwa im Bereich Bauwesen, Architektur, Umwelttechnik in Verbindung mit einer Weiterbildung entsprechend der Empfehlungen des Umweltbundesamtes zum Erkennen, Bewerten und Sanieren von Schimmelschäden,

→ hat an einem mehrtägigen Weiterbildungskurs mit abschließender Prüfung teilgenommen, zum Beispiel bei einem der entsprechenden Fachverbände, Weiterbildungseinrichtungen oder den Handwerkskammern,

→ nimmt regelmäßig an Fortbildungsveranstaltungen auf dem Gebiet „Schimmelpilze“ teil.

→

Planung und Vorbereitung
Eine qualifizierte Schimmelsaniererin oder ein qualifizierter Schimmelsanierer
- → nimmt vor Beginn der Sanierung den Schaden auf, um die Ursache und das Ausmaß zu ermitteln, zum Beispiel durch Begutachtung des Schadens, Feuchtigkeitsmessungen und Bauteilprüfungen,
- → empfiehlt, dass eine andere Firma oder ein Sachverständiger diese Leistung übernimmt, wenn sie oder er selbst die Ursachen und das Ausmaß nicht ermitteln oder beseitigen kann,
- → erstellt eine Gefährdungsbeurteilung gemäß DGUV 201-028 der Deutschen Gesetzlichen Unfallversicherung e.V. (DGUV) und legt die notwendigen Arbeitsverfahren fest (unter Berücksichtigung der gesetzlichen Vorgaben zum Arbeits- und Umgebungsschutz),
- → erstellt ein nachvollziehbares schriftliches Sanierungskonzept einschließlich der geplanten Sanierungsabschnitte und des Sanierungsziels sowie einen Kostenvoranschlag für die Beseitigung des Schimmelschadens,
- → führt gegebenenfalls Sofortmaßnahmen aus, um die Vergrößerung des Schadens zu vermeiden (zum Beispiel Befall binden, Räume abschotten, Luftreiniger aufstellen und Ähnliches).

Sanierung
Eine qualifizierte Schimmelsaniererin oder ein qualifizierter Schimmelsanierer
- → berücksichtigt die Vorgaben des Umweltbundesamtes (siehe Schimmelleitfaden 2017) und der Deutschen Gesetzlichen Unfallversicherung e.V. (DGUV), die gesetzlichen Vorgaben (Biostoffverordnung) sowie Publikationen der Berufsgenossenschaft Bau (BG Bau),
- → saniert den Schaden, ohne dabei größere Konzentrationen an Stäuben, Fasern oder Schimmelpilzsporen freizusetzen, und ergreift hierzu entsprechende Maßnahmen (zum Beispiel Entfernen der mit Schimmel befallenen Materialien unter Einsatz von Maschinen, durch die Stäube sofort abgesaugt werden),
- → verzichtet auf den großflächigen Einsatz fungizider und antibakterieller Wirkstoffe (sogenannte Biozidprodukte) während und nach der Sanierung,
- → führt eine abschließende Feinreinigung in den betroffenen Räumen und dem Zugangsbereich durch.

Überwachung und Erfolgskontrolle
Eine qualifizierte Schimmelsaniererin oder ein qualifizierter Schimmelsanierer
- → dokumentiert den Sanierungsverlauf und übergibt nach Abschluss überprüfbare Dokumente (Arbeitsberichte,

→

Abnahmeprotokoll, Rechnung, gegebenenfalls Messprotokoll einer Trocknung mit den erforderlichen Messdaten und dem Nachweis des Stromverbrauchs),

→ führt nach Abschluss der Schimmelbeseitigung Messungen zur Eigenkontrolle durch und lässt den Sanierungserfolg in der Regel durch externe Sachverständige prüfen gemäß WTA-Merkblatt 4-12-16 „Ziele und Kontrolle von Schimmelpilzsanierungen in Innenräumen", bevor der Wiederaufbau beginnt.

Die Sanierungsfirma schuldet eine fachgerechte Leistung. Bei der Schimmelsanierung bedeutet dies, dass die Mitarbeitenden eine Baustelle hinterlassen, die bezogen auf Schimmel normale Hintergrundwerte aufweist. Die Hintergrundwerte sind abhängig von den Umgebungsbedingungen. Luft, frei von Schimmelpilzen, gibt es nicht. Bestimmte Schimmelpilzarten sind ein normaler Bestandteil der Umgebung.

Die fachgerechte Sanierung eines Schimmelschadens erfordert folgende Arbeitsschritte:

1. Feststellung des Schadens

Vor der Sanierung muss das Unternehmen die Ausdehnung und Auswirkungen des Schadens prüfen, um den Umfang der Arbeiten einschätzen und Maßnahmen einleiten zu können. Bei der Prüfung des Schadensausmaßes reicht es nicht aus, nur die offensichtlich betroffenen Räume zu begutachten, auch angrenzende, darüber- und darunterliegende Räume müssen einbezogen werden. Die Sanierungsfirma sollte über entsprechende Prüfgeräte verfügen oder ggf. Sachverständige einbeziehen.

Bei Feuchteschäden in der Fußbodenkonstruktion ist die Handlungsempfehlung zur Beurteilung von Feuchte- und Schimmelschäden in Fußböden in der Anlage 6 des Schimmelleitfadens des Umweltbundesamtes zu beachten (**www.umweltbundesamt.de/schimmelleitfaden**).

2. Behebung der Ursachen

Ist der Schaden auf Leckagen an wasserführenden Leitungen oder sonstige Undichtheiten zurückzuführen, muss sofort gehandelt und der Wasseraustritt unterbunden werden. Bei Kondensationsschäden kann die Ursache auch nach der Schimmelsanierung beseitigt werden.

Wird ein Feuchteschaden durch Trinkwasser (zum Beispiel eine Leckage an einer wasserführenden Leitung) unmittelbar nach dem Eintritt entdeckt und fachgerecht getrocknet, ist in der Regel nicht mit einem mikrobiellen Wachstum zu rechnen.

3. Planung und Vorbereitung der Sanierung

Die Bewohnerinnen und Bewohner – in Mehrfamilienhäusern auch die Nachbarn – sollten über die Art und den Umfang der Sanierung sowie über Maßnahmen zum Umgebungsschutz aufgeklärt werden. Vor Beginn der Arbeiten muss die Sanierungsfirma eine Gefährdungsbeurteilung, ein Sanierungskonzept einschließlich des geplanten Sanierungsbereichs und eine Betriebsanweisung erstellen.

- → Die Gefährdungsbeurteilung dient dem Arbeitsschutz der Mitarbeitenden. Sie enthält eine Einschätzung der zu erwartenden Staubexposition, der Dauer der Arbeiten, der erforderlichen Schutzausrüstung und -maßnahmen und der technischen und organisatorischen Regeln sowie Hygienemaßnahmen.
- → Die Betriebsanweisung wird auf Grundlage der Gefährdungsbeurteilung erstellt. Aus ihr ist ersichtlich, welche Gefahrstoffe vorhanden sind und welche Schutzmaßnahmen und Verhaltensregeln sich daraus für die Mitarbeitenden der Sanierungsfirma ergeben.

Die Sanierungsplanung sollte außerdem festlegen, welche Maßnahmen zum Umgebungsschutz einzuhalten oder einzubauen sind (zum Beispiel Abschottungen, Schleusen, Luftreiniger oder Entlüftungssysteme), um eine Kontamination anderer, nicht betroffener Bereiche zu verhindern.

4. Durchführung der Sanierung

Manchmal ist es notwendig, Sofortmaßnahmen einzuleiten, bevor mit der eigentlichen Sanierung begonnen werden kann. Sofortmaßnahmen werden ergriffen, um

- → weiteres Schimmelwachstum zu hemmen (zum Beispiel Befall abkleben, binden).
- → eine Belastung durch Schimmelpilzsporen zu vermeiden und zu reduzieren (zum Beispiel durch Abschotten und Aufstellen von Luftreinigern).
- → bei vorhandener Feuchtigkeit ein Schimmelwachstum zu unterbinden (sofortige Maßnahmen zur Trocknung).

Zu Beginn der Sanierung werden zunächst die belasteten Räume abgeschottet. Dafür können die zu sanierenden Bereiche unter leichten Unterdruck gesetzt werden, um angrenzende Räume zu schützen und die Staubbelastung während der Sanierung möglichst gering zu halten. Bei der Sanierung achten qualifizierte Fachleute darauf, die Ursache des Schimmelbefalls zu beseitigen und alle belasteten Materialien möglichst staubarm zu entfernen. Sie befeuchten zum Beispiel eine Tapete vor dem Entfernen mit Wasser oder Sporenbinder statt sie trocken abzuziehen.

Abb. 3: Putzfräse mit integrierter Absaugung, um die mikrobielle Belastung der Raumluft zu reduzieren

Falls es erforderlich ist, kontaminierte Putze abzuschlagen oder abzufräsen, wird der Staub abgesaugt. Sind die Untergründe mit Schimmel befallen, werden sie in aller Regel vor der Trocknung ausgebaut.

5. Die Trocknung

Bei größeren Feuchteschäden ist eine technische Trocknung meist unumgänglich. Welche Trocknungsart gewählt und welche Geräte eingesetzt werden, hängt von der Ausdehnung des Wasserschadens, der Art des ausgetretenen Wassers, dem Baumaterial und der Ausführung ab. Bei einem Feuchteschaden sollte unverzüglich mit der Trocknung begonnen werden – bevor der Schimmel wächst. Falls eine technische Trocknung in bewohnten Räumen notwendig wird, sollte die Sanierungsfirma belegen, dass es zu keiner verstärkten mikrobiellen Belastung der Raumluft kommt.

Eine Trocknung bzw. Schimmelsanierung von Holzwerkstoff-, Holzfaser- und Gipskartonplatten ist meist nicht erfolgreich. Solche Baustoffe sollten ausgetauscht werden. Auch bei gefliesten Wänden müssen die Fliesen in der Regel vor der Trocknung entfernt werden.

6. Reinigung der Oberflächen

Sind alle mit Schimmel befallenen Untergründe entfernt, erfolgt die sogenannte Feinreinigung. Bei der Feinreinigung werden Staubrückstände auf allen glatten Oberflächen feucht abgewischt. Auf Putz und Mauerwerk (rauen Untergründen) erfolgt die Feinreinigung mit speziellen Saugern, die über entsprechende Filter (HR13) verfügen.

Woran erkenne ich eine qualifizierte Fachfirma für die Gebäudetrocknung?

Wasser- und Feuchtigkeitsschäden müssen zur Vermeidung von Folgeschäden an der Bausubstanz und aus hygienischen Gründen umgehend beseitigt werden. Diese Arbeit sollte eine entsprechend qualifizierte Fachfirma übernehmen. Bisher gibt es keine allgemein anerkannte Qualifikation für die Gebäudetrocknung. Aufgrund der vielfältigen Schadensursachen und unterschiedlichen Baukonstruktionen ist nicht jede Handwerkerin oder jeder Handwerker in der Lage, einen solchen Schaden zu beseitigen. Einige Unternehmen haben sich daher auf die technische Trocknung spezialisiert.
Folgende Hinweise helfen Ihnen, eine geeignete Firma zu finden.

Qualifizierung

Eine qualifizierte Handwerkerin oder ein qualifizierter Handwerker für Gebäudetrocknung

- → hat eine abgeschlossene Berufsausbildung im Bauhauptgewerbe, zum Beispiel im SHK-Handwerk, oder entsprechende Berufserfahrung,
- → hat an mindestens einem mehrtägigen Fortbildungskurs zur Gebäudetrocknung mit abschließender Prüfung teilgenommen, zum Beispiel bei einem der entsprechenden Fachverbände,
- → nimmt regelmäßig an Fortbildungsveranstaltungen auf dem Gebiet „Gebäudetrocknung" teil.

Planung und Vorbereitung

Eine qualifizierte Handwerkerin oder ein qualifizierter Handwerker für Gebäudetrocknung

- → nimmt vor Beginn der Trocknung den Schaden auf, um die Ursache und das Ausmaß zu ermitteln, zum Beispiel durch Begutachtung des Schadens, Feuchtigkeitsmessungen und Bauteilprüfungen.
- → empfiehlt, dass eine andere Fachfirma diese Leistung übernimmt, wenn sie oder er selbst die Ursachen nicht ermitteln oder beseitigen kann, zum Beispiel eine Leckageortungs oder Sanitärfirma bei einem Leitungswasserschaden.
- → erstellt eine Gefährdungsbeurteilung und ein nachvollziehbares Sanierungskonzept mit einem Kostenvoranschlag für die Beseitigung des Feuchteschadens und informiert über die Vorgehensweise.
- → führt notwendige Sofortmaßnahmen aus, um eine Vergrößerung des Schadens zu vermeiden, zum Beispiel stehendes Wasser abpumpen, Abrücken oder Auslagerung von Mobiliar.
- → lässt Schimmelbefall durch Fachleute zur Schimmelsanierung mit der Fachkunde gemäß DGUV 201-028 entfernen, bevor Geräte zur Trocknung eingesetzt werden.

→

Die Trocknung

Eine qualifizierte Handwerkerin oder ein qualifizierter Handwerker für Gebäudetrocknung

- → wählt die Geräte und Verfahren so aus, dass sie auch bezüglich des Brandschutzes anwendbar sind. Dabei berücksichtigt sie oder er auch wirtschaftliche Aspekte,
- → sorgt für eine effiziente Austrocknung und entfernt daher vor der Trocknung diffusionsdichte Bauteile (zum Beispiel Randfugen, Sockelleisten und Ähnliches),
- → achtet bei der Trocknung darauf, dass keine Stäube, Fasern oder Schimmelpilzsporen freigesetzt werden und ergreift hierzu entsprechende Maßnahmen, zum Beispiel Räume abschotten, Einsatz von Filtern, saugende Trocknungsverfahren bei Estrichen oder Hohlräumen,
- → verzichtet auf den großflächigen Einsatz fungizider oder biozider Wirkstoffe (sogenannte Desinfektionsmittel),
- → orientiert sich bei der Durchführung der Trocknung an den Ausführungen des WTA Merkblatt 6-15-13/D, Ausgabe 08.2013: „Technische Trocknung durchfeuchteter Bauteile, Teil 1: Grundlagen“ und dem WTA-Merkblatt 6-16-19/D, Ausgabe 01.2019: „Technische Trocknung durchfeuchteter Bauteile: Planung, Ausführung und Kontrolle“.

Überwachung und Erfolgskontrolle

Eine qualifizierte Handwerkerin oder ein qualifizierter Handwerker für Gebäudetrocknung

- → dokumentiert den Trocknungsverlauf, misst die Feuchtigkeit und fertigt hierzu Messprotokolle an,
- → übergibt nach Abschluss der technischen Trocknung überprüfbare Dokumente wie Arbeitsberichte, Messprotokoll mit den erforderlichen Messdaten, Rechnung, Abnahmeprotokoll und den Nachweis des Stromverbrauchs.

7. Kontrolle der Sanierung

Die eigentliche Schimmelsanierung schließt mit der Sanierungserfolgskontrolle ab. Dabei wird zumindest optisch geprüft, ob das belastete Material vollständig entfernt und bei der Feinreinigung alle Oberflächen sorgfältig gereinigt wurden. Je nach Schadensursache und Schadensausmaß kann es erforderlich sein, über mikrobiologische Untersuchungen den Erfolg der Sanierung zu prüfen. Die Freimessung sollte erfolgen, solange alle Umgebungsschutzmaßnahmen stehen und bevor der Wiederaufbau beginnt.

GUT ZU WISSEN

Das Netzwerk Schimmelpilzberatung des Landesgesundheitsamtes Baden-Württemberg hat eine **Empfehlung zur Sanierungserfolgskontrolle** erarbeitet. Sie ist auf der Homepage des Landesgesundheitsamtes Baden-Württemberg abrufbar: **www.gesundheitsamt-bw.de** (Suchwort: Schimmelpilzsanierung).

Die Trocknung ist erfolgreich, wenn die sogenannte baustoffabhängige Ausgleichsfeuchte erreicht wurde. Um das zu überprüfen, sind Feuchtigkeitsmessungen notwendig. Nach einer Trocknungszeit von 14 Tagen sind keinesfalls alle Untergründe grundsätzlich trocken. Das behaupten manche Sanierungsfirmen und Versicherungen zu Unrecht. Das Trocknungsprotokoll muss dem Auftraggebenden ausgehändigt werden.

8. Wiederaufbau

Die Wiederherstellung der in Mitleidenschaft gezogenen Untergründe erfolgt erst, nachdem in einer Erfolgskontrolle bestätigt wurde, dass das Sanierungsziel erreicht wurde. Die Baumaterialien sollten auf die spezifischen örtlichen Gegebenheiten abgestimmt sein, um ein erneutes Schimmelwachstum möglichst zu vermeiden.

Schäden mit Fäkalien

Schäden mit Fäkalien können durch einen Defekt an der Abwasserleitung, die an die Toilette angeschlossen ist, einen Rückstau aus dem Abwassernetz oder durch Überschwemmungen entstehen. Bei einem solchen Schaden sollten unbedingt Sachverständige die erforderlichen Maßnahmen festlegen. Das gilt insbesondere dann, wenn auch der Fußbodenaufbau betroffen ist. **Achtung:** Bei fäkalienhaltigen Abwasserschäden muss nicht nur mit Schimmelpilzen gerechnet werden, sondern auch mit einer Belastung durch Krankheitserreger wie Bakterien, Viren, Würmer und Protozoen (Kleinlebewesen). Solche Schäden müssen in aller Regel unverzüglich saniert und betroffene Baustoffe ausgebaut werden (siehe auch: Berufsverband Deutscher Baubiologen VDB e. V.: VDB-Leitfaden zur Beurteilung und Sanierung von Fäkalschäden in Gebäuden.

Feuchtigkeit und Schimmel aus rechtlicher Sicht

Bei Feuchtigkeit und Schimmel in Wohnräumen stellt sich fast automatisch die Frage: „Wer ist verantwortlich?“ Denn davon hängt ab, wer die Kosten der Schimmelbeseitigung trägt. Doch leider lässt sich die Verantwortungsfrage nicht so leicht beantworten, sie hängt immer von der Anspruchsgrundlage ab.

HINTERGRUND

Die **Anspruchsgrundlage** ist immer das, worauf sich Ansprüche begründen. Das kann ein Vertrag sein oder ein Gesetz. Als Anspruchsgrundlage kommen auch allgemeine Geschäftsbedingungen infrage oder eine einseitige Willenserklärung.

Am häufigsten dürfte die Problematik im Verhältnis zwischen Mieterin oder Mieter und Vermieterin oder Vermieter auftreten, sie spielt aber auch in anderen Rechtsgebieten eine Rolle. So kann Schimmel in einer Estrichdämmschicht für einen Mieter bedeutungslos sein, wenn er keine gesundheitlichen Auswirkungen auf die Wohnnutzung hat. Im Rechtsverhältnis zwischen Bauherrin oder Bauherr und Bauunternehmen oder zwischen Versicherungsnehmenden und Sachversicherung erzeugt die Schimmelbelastung aber durchaus Rechtsansprüche. Für eine Wohnungseigentümergemeinschaft sehen die Rechtsfolgen wieder anders aus, weil hier unter anderem auf die spezifischen Ausprägungen des Eigentumsbegriffs (Sondereigentum, Teileigentum oder Gemeinschaftseigentum) eingegangen werden muss. Es führt deshalb kein Weg daran vorbei, sich die einzelnen Rechtsgebiete genauer anzusehen. Und weil Sie für die rechtliche Beurteilung eines Schimmelpilzbefalls in aller Regel juristische Hilfe benötigen, erfahren Sie anschließend, woran Sie eine gute Rechtsanwältin oder einen guten Rechtsanwalt erkennen.

Mietrecht

So vielfältig die Schäden durch Feuchtigkeit und Schimmel sind, so erbittert wird häufig zwischen Vermietenden und Mietenden darum gestritten, wer die Feuchtigkeitsbildungen in der Wohnung zu vertreten hat. Die Auseinandersetzungen beginnen meist damit, dass der Mieter dem Vermieter schriftlich die aufgetretenen Mängel mitteilt, wozu er nach § 536 Bürgerliches Gesetzbuch (BGB) auch verpflichtet ist. In der Fachwelt geht man davon aus, dass etwa 20 bis 25 Prozent der Feuchtigkeitsschäden auf Baumängel beziehungsweise Bauschäden zurückzuführen sind und etwa derselbe Prozentsatz auf fehlerhaftes Nutzerverhalten. Bei den restlichen 45 bis 55 Prozent spielen beide Ursachen eine Rolle. Im Folgenden werden zunächst die unstreitigen Ansprüche aufgelistet, danach ausführlicher die strittigen Fallgruppen beschrieben.

Ansprüche der Mieterin oder des Mieters

Mieten Sie eine Wohnung, haben Sie Anspruch darauf, dass diese frei von Mängeln ist (§ 535 Abs. 1 S. 2 BGB). Sie können erwarten, dass Ihnen ein zeitgemäßes Wohnen ermöglicht wird. Veränderungen oder Verschlechterungen der Mietsache, die durch den vertragsgemäßen Gebrauch herbeigeführt werden, haben Sie nicht zu vertreten (§ 538 BGB). Das heißt: Nutzen Sie die Wohnung wie vereinbart und kommt es trotzdem zu einem Mangel, ist das nicht Ihre Schuld. Im Rahmen Ihres Wohngebrauchs dürfen Sie im Allgemeinen davon ausgehen, dass Sie die Wohnung nach Ihrem Belieben mit Möbeln und Gardinen versehen, Pflanzen auf die Fensterbänke stellen und Haustiere halten dürfen. Mit anderen Worten: Nicht Sie müssen sich einer besonders „empfindlichen“ Wohnung anpassen; die Wohnung muss vielmehr den normalen Wohngebrauch „aushalten“, sonst ist sie eben dem Vertragszweck nach nicht geeignet. Andererseits haben Sie eine Obhutspflicht für Ihre Wohnung.

> HINTERGRUND
>
> **Obhutspflicht** meint die Verpflichtung, Rechtsgüter anderer Personen zu schützen. Als Mieterin oder Mieter müssen Sie also im Rahmen der Zumutbarkeit dafür sorgen, dass die angemietete Wohnung keinen Schaden nimmt.

Sie müssen insbesondere durch ausreichendes Heizen und Lüften dafür sorgen, dass die Wohnung nicht beschädigt wird. Erweiterte Anforderungen an das Nutzungsverhalten kann es nur dann geben, wenn die Mietparteien eine besondere Beschaffenheitsvereinbarung über die Wohnung getroffen haben. Erfordert die Wohnung etwa aufgrund ihrer baulichen Beschaffenheit eine besondere Behandlung – darf die Temperatur zum Beispiel nicht unter einen bestimmten Wert fallen, muss die Wohnung besonders häufig gelüftet werden, dürfen die Möbel nur mit einem bestimmten Mindestabstand zu den Außenwänden stehen –, haben Sie als Mieterin oder Mieter Anspruch darauf, bei Vertragsabschluss gesondert darauf hingewiesen zu werden. Selbstverständlich müssen sich solche Vorgaben im Rahmen des Zumutbaren bewegen. Es kann zum Beispiel von keinem Berufstätigen verlangt werden, jede Stunde mit weit geöffneten Fenstern zu lüften (Stoßlüftung). Eine Wohnung, in der das erforderlich ist, um Schimmel zu vermeiden, wäre nicht zum Wohnen geeignet.

Bei einer unstreitigen Schadensursache – was leider sehr selten ist – sind mehrere Ansprüche des Mieters denkbar, die an dem nachstehenden Beispiel aufgezeigt werden.

BEISPIEL

Bei starken Regenfällen dringt Wasser in die Dachwohnung ein. Die darunter wohnende Mieterin bemerkt plötzlich einen großen Feuchtigkeitsfleck an ihrer Wohnzimmerdecke. Es stellt sich heraus, dass sich bei Sturm ein Ziegel gelöst hatte und vom Dach gefallen ist.

Erfüllungsanspruch (§ 535 BGB)

Der Vermieter muss den Mangel auf seine Kosten nachhaltig beseitigen lassen (Oberlandesgericht (OLG) Frankfurt, Beschluss vom 8. 2. 1989 – 25 W 131/88). Der Anspruch der Mieterin auf Mangelbeseitigung ist während der Mietzeit unverjährbar (Bundesgerichtshof (BGH), Urteil vom 17. 2. 2010 – VIII ZR 104/09). In dem Beispielfall müsste der Vermieter also das Dach reparieren lassen und die Kosten dafür tragen. Zu dem Erfüllungsanspruch der Mieterin gehört auch die Beseitigung optischer Mängel. Neben der Instandsetzung müssen also auch die notwendigen Schönheitsreparaturen vorgenommen werden, im genannten Beispiel hat der Vermieter dafür zu sorgen, dass die Decke gestrichen wird. Solange allerdings die Feuchtigkeitsursache nicht aufgeklärt und daher nicht sichergestellt ist, dass durch beabsichtigte Malerarbeiten die vorhandenen Mängel beseitigt werden, ist die Mieterin berechtigt, die vom Vermieter angebotenen Malerarbeiten abzulehnen (Landgericht (LG) Hamburg, Urteil vom 25. 7. 1997 – 311, S. 52/97). An diesem Punkt müssen Sie allerdings vorsichtig sein. Üblicherweise ist eine Mieterin oder ein Mieter als Laie gar nicht in der Lage, festzustellen, ob eine geplante Sanierungsmaßnahme des Vermieters fachgerecht ist oder nicht. Bevor Sie als Mieterin oder Mieter etwas verweigern und damit möglicherweise Ihrerseits eine Obliegenheitsverletzung begehen, sollten Sie sich besser rechtlich beraten lassen.

Umgekehrt haben Sie als Mieterin oder Mieter natürlich Mitwirkungspflichten, wenn es um Handwerkertermine für die Beseitigung der Feuchteschäden geht. Verletzen Sie sie, kann Ihr grundsätzlich gegebener Anspruch auf Mangelbeseitigung verwirkt sein (Amtsgericht (AG) Münster, Urteil vom 12. 6. 2007 – 3 C 4552/06).

Mietminderung (§ 536 BGB)

Je nach Umfang der Beeinträchtigung können Sie als Mieterin oder Mieter eine angemessene Mietminderung vornehmen. Um die Miete zu kürzen, muss der Mangel allerdings erheblich sein. Solange sich nur ein kleinerer Fleck zeigt, dürfte es sich um einen unerheblichen Mangel handeln. Sind aber beispielsweise größere Teile der Decke im Wohnzimmer feucht und riecht es bereits muffig, kann durchaus eine Mietminderung von etwa 10 Prozent begründet sein. Sind mehrere Räume befallen, steigt entsprechend der Minderungssatz. Eine wichtige Rolle spielt neben dem Umfang auch der Ort, an dem der Mangel auftritt. Denn davon hängt ab, wie stark die Gebrauchstauglich-

> **GUT ZU WISSEN**
>
> Bei einer **angemieteten Eigentumswohnung** wird es kompliziert. Denn bei Feuchteschäden ist regelmäßig neben dem Sondereigentum auch das Gemeinschaftseigentum betroffen. Aufgrund eines komplizierten Regelungsgeflechts im Wohnungseigentumsrecht kann die Vermieterin oder der Vermieter in der Regel nicht selbst die Mängel beseitigen lassen (→ Seite 186 ff.). Dies obliegt vielmehr der gesamten Eigentümergemeinschaft, auch die Hausverwaltung spielt hier eine wichtige Rolle. Entscheidend für die Mieterin oder den Mieter ist jedoch, dass seine Ansprechperson – und Schuldner etwaiger (Schadensersatz-)Ansprüche – einzig und allein die Vermieterin bzw. der Vermieter ist. Die mietende Person muss also keineswegs akzeptieren, an die Hausverwaltung oder gar eine beteiligte Versicherung verwiesen zu werden.

keit der Wohnung beeinträchtigt ist, also inwieweit Sie noch in ihr wohnen können. So ist beispielsweise ein Schimmelbefall in einem Abstellraum weniger schwerwiegend als Schimmel in einem Schlafzimmer. In der Rechtsprechung finden sich hier je nach Lage, Art und Umfang des Schadens Minderungssätze zwischen 5 und 100 Prozent.

Pauschalangaben lassen sich generell nicht machen, da es sich stets um eine Einzelfallentscheidung handelt, die unter anderem stark von der zuständigen Richterin bzw. von dem zuständigen Richter abhängt.

Nachstehend sind einige Gerichtsurteile aufgeführt, die Anhaltspunkte – aber wirklich nur Anhaltspunkte – liefern, wie stark die Miete in bestimmten Fällen gemindert werden kann.

- 10 Prozent, wenn der Keller infolge der Feuchtigkeit nahezu nutzlos ist und die Mietpartei gezwungen wird, alle Gegenstände, die sie nicht ständig benötigt, in der Wohnung zu lagern, was deren Nutzung selbst einschränkt (AG Bergheim, Urteil vom 12. 4. 2011 – 28 C 147/10).
- 20 Prozent, wenn das Kinderzimmer aufgrund mangelhaften Mauerwerks feucht ist und es zu gesundheitlichen Beeinträchtigungen kommen kann (AG Hannover, Urteil vom 30. 1. 2002 – 552 C 5807/01).

! WICHTIG

Falls Sie sich als Mieterin oder Mieter nicht sicher sind, ob und gegebenenfalls in welcher Höhe Sie **die Miete mindern** können – und das ist meistens der Fall –, sollten Sie die Miete zunächst „unter Vorbehalt" bezahlen und sich rechtlich beraten lassen. Es genügt dabei, einfach auf der Mietüberweisung unter „Verwendungszweck" die Worte „unter Vorbehalt" zu vermerken. Dabei ist wichtig zu wissen: Eventuell eingeschaltete Sachverständige können und dürfen einen solchen Rechtsrat nicht erteilen. Für die Höhe der Mietminderung gibt es keine rechtlich verlässlichen Grundlagen.

- 20 Prozent bei Rest-Neubaufeuchte in allen Räumen (AG Schwartau, Urteil vom 3. 11. 1987 – 3 C 1176/86).
- 30 Prozent bei Unbenutzbarkeit des Wohnzimmers (AG Bochum, Urteil vom 28. 11. 1978 – 5 C 668/78).
- 42 Prozent aufgrund erheblicher Feuchtigkeitserscheinungen nach Einbau neuer, dichtschließender Fenster bei nur unzureichender Aufklärung über das erforderliche veränderte Lüftungsverhalten der Mieterpartei (LG Lübeck, Urteil vom 9. 1. 1990 – S 60/89).

- 60 Prozent bei in erheblichem Umfang vom Keller in das Erdgeschoss aufsteigender Feuchtigkeit (AG Vilbel, Urteil vom 20. 9. 1996 – 3 b C 52/96).
- 80 Prozent bei Wasserschaden mit massivem Schimmelbefall (AG Köln, Urteil vom 25. 10. 2011 – 224 C 100/11).

Achtung: Diese Auflistung stellt beispielhaft Einzelfälle dar. Sie dient einzig und allein dazu, deutlich zu machen, wie weit gefächert die Entscheidungen sind. Sie können hieraus keineswegs Schlüsse für Ihren Einzelfall ziehen.

> **GUT ZU WISSEN**
>
> Seit der Entscheidung des Bundesgerichtshofs (BGH) vom 6. 4. 2005 – XII ZR 225/03 erfolgt die **Mietminderung stets von der Bruttomiete** (also der Miete mit sämtlichen Betriebskosten) und nicht – wie es in der Regel davor geschehen ist – von der Nettomiete oder der Teilinklusivmiete.

Schadensersatzansprüche (§ 536 a BGB)

Neben dem Erfüllungsanspruch und der Mietminderung können Sie als Mieterin oder Mieter Schadensersatzansprüche stellen, wenn ein schuldhaftes Verhalten der Vermieterin oder des Vermieters vorliegt. Dies gilt etwa, wenn der Vermieter in dem genannten Beispielsfall nicht alsbald das Dach reparieren lässt und dadurch weiterer Schaden am Mobiliar der Mieterin entsteht. Häufig finden sich in Mietverträgen Klauseln, wonach der Vermieter nur bei Vorsatz oder Fahrlässigkeit haftet. Derart weitgehende Haftungsbeschränkungen hat der Bundesgerichtshof verworfen (BGH, Beschluss vom 24. 10. 2001 – VIII ARZ 1/01). Trifft also die Vermieterin oder den Vermieter der Vorwurf leichter oder mittlerer Fahrlässigkeit, muss er für Schäden am Mobiliar der Mieterin oder des Mieters haften. Das gilt auch, wenn ihn selbst kein Verschulden trifft, sondern die von ihm beauftragte Handwerksfirma (die dann als sogenannter Erfüllungsgehilfe gilt). Bei Körper- oder Gesundheitsverletzungen haftet die Vermieterin oder der Vermieter für jede Fahrlässigkeit gemäß § 309 Nr. 7a BGB.

Ersatzvornahme und Notgeschäftsführung (§ 536 a Abs. 2 BGB)

Sie als Mieterin oder Mieter haben die Möglichkeit, den Mangel selbst beseitigen zu lassen und dafür Aufwendungsersatz zu verlangen, wenn Sie vergeblich eine Frist zur Schadensbehebung gesetzt haben. In dem Beispielfall könnte die Mieterin nach einer gewissen Frist also eine Handwerksfirma beauftragen, das Dach zu reparieren. Der Vermieter müsste die Kosten tragen. Kommt der

Vermieter seiner Instandsetzungspflicht trotz Aufforderung nicht nach, kann die Mieterin die von ihr ausgelegten Beträge mit der Miete verrechnen (Ersatzvornahme). Dies bietet sich vor allem bei kleineren Schadensfällen an. Ist die Beseitigung des Mangels besonders dringlich, und können Sie die Vermieterin oder den Vermieter nicht erreichen, kommt ausnahmsweise auch die „Notgeschäftsführung" in Betracht. Sie können den Mangel dann selbst beseitigen und Kostenersatz verlangen.

Zurückbehaltungsrecht (§ 273 Abs. 1 BGB)

Bei größeren Maßnahmen zur Beseitigung von Mängeln sind Mietende oft finanziell nicht in der Lage, die Kosten vorzustrecken, sodass eine Ersatzvornahme nicht in Betracht kommt. Sie haben dann entweder die Möglichkeit, die Miete zu mindern oder im Wege der Einrede des nicht erfüllten Vertrages die Miete zurückzubehalten. Gerechtfertigt ist die Höhe des drei- bis fünffachen Betrages der geschätzten Instandsetzungskosten. Dies ist nicht wenig und dient schlicht als Druckmittel. Wohlgemerkt: Sie dürfen die zurückbehaltene Miete nicht anderweitig verwenden und sollten sie am besten auf einem separaten Konto parken. Lässt die Vermieterin oder der Vermieter vertragsgemäß instandsetzen, müssen Sie die zurückbehaltene Miete – im Gegensatz zur geminderten – nachträglich entrichten. Zurückbehaltungsrecht und Mietminderung können nebeneinanderstehen und dazu führen, dass gar keine Miete gezahlt wird.

Klage auf Mängelbeseitigung

Bleibt die Vermieterin oder der Vermieter untätig, können Sie auf Mängelbeseitigung beziehungsweise Instandsetzung klagen. Doch solche Verfahren sind zeit- und kostenaufwendig, deshalb ist dieser Weg in den meisten Fällen wenig praktikabel.

Fristlose Kündigung

Können Sie durch einen nachträglichen, also bei Vertragsschluss noch nicht vorhandenen Mangel die Wohnung nicht mehr vertragsgemäß nutzen, kommt eine Kündigung aus wichtigem Grund nach § 543 Abs. 1 BGB in Betracht (LG Düsseldorf, Urteil vom 8. 10. 1991 – 24 S 82/91). Darüber hinaus gibt es die Möglichkeit der fristlosen Kündigung wegen Gesundheitsgefährdung nach § 569 Abs. 1 BGB. Allerdings ist es schwierig nachzuweisen, dass die Gesundheitsgefährdung auf den Zustand der Wohnung zurückzuführen ist (→ Seite 33 f.). Das müssen Sie beweisen (Kammergericht Berlin, Urteil vom 26. 2. 2004, AZ 12 U 1493/00). Vor Ausspruch der fristlosen Kündigung müssen Sie der Vermieterin oder dem Vermieter eine angemessene Frist zur Behebung der Baumängel und der Schimmelbildung setzen (BGH, Urteil vom 18. 4. 2007, VIII ZR 182/06).

GUT ZU WISSEN

In Fällen einer berechtigten **außerordentlichen Kündigung** muss die Vermieterin oder der Vermieter Ihnen in der Regel nicht nur die direkt durch den Mangel entstandenen Schäden ersetzen (also beschädigte Einrichtungsgegenstände). Sie oder er ist auch verpflichtet, finanzielle Schäden, die durch die Kündigung entstehen, auszugleichen (zum Beispiel Umzugskosten). Doch viele Mieterinnen und Mieter, die sich bereits monatelang mit ihrem Vermieter erfolglos auseinandergesetzt haben, geben entnervt auf und kündigen ordentlich. Sie bleiben dann auf den Umzugskosten sitzen, weil bei einer ordentlichen Kündigung nicht davon auszugehen ist, dass sie auf unzumutbarem Verhalten des Vermieters beruht. Bevor Sie also eine ordentliche Kündigung aussprechen, sollten Sie sich unbedingt beraten lassen und prüfen, ob auch eine außerordentliche Kündigung gerechtfertigt ist.

Ansprüche der Vermieterin oder des Vermieters

Vermieten Sie eine Wohnung oder ein Haus und es treten Feuchte-/Schimmelschäden auf, sind Sie immer in der Pflicht, diese zu beseitigen – und zwar unabhängig davon, wer sie verschuldet hat. Das lässt sich nämlich anfangs oft nicht feststellen. Wer am Ende die Kosten zu tragen hat, ist eine andere Frage und hat mit der Beseitigungspflicht zunächst einmal nichts zu tun. Hat die Mieterin oder der Mieter den Feuchteschaden verschuldet, beispielsweise weil sie oder er einen Rohrbruch verursacht oder nachweislich falsch geheizt und/oder gelüftet hat, stehen Ihnen allerdings mehrere Rechte zu.

Schadensersatzansprüche

Die Mieterin oder der Mieter ist nach § 536 c Abs. 1 BGB verpflichtet, Mängel der Mietsache zu melden, sobald sie ihr oder ihm bekannt werden. Tut sie oder er das nicht, hat die Anzeigepflicht verletzt. In diesem Fall muss sie oder er zusätzliche Schäden, die durch die Nichtanzeige entstanden sind, ersetzen.

→ TIPP

Zeigen Sie als Mieterin oder Mieter einen Mangel unbedingt sofort an. Das gilt auch dann, wenn Sie vermuten, dass Sie den Mangel selbst verursacht haben, oder unsicher sind, ob er durch mangelndes Heizen und/oder Lüften entstanden ist.

Der Schadensersatzanspruch steht Ihnen immer dann zu, wenn Sie den Mangel bei rechtzeitiger Information der Mietenden hätten beheben oder zumindest das Ausmaß des Schadens eingrenzen können. Ihr Anspruch setzt ein Verschulden der Mietpartei voraus. Er gilt also nur, wenn die Mietenden die zugrunde liegenden Tatsachen kennen oder kennen müssen. Außerdem muss der Schaden durch die Verletzung der Anzeigepflicht entstanden sein. Wäre er auch aufgetreten, wenn der Mangel – etwa der Wasserrohrbruch – rechtzeitig gemeldet worden wäre, besteht keine Haftung. Mit anderen Worten: Für den ursprünglichen Mangel beziehungsweise Schaden haften die Mietenden nicht, wenn sie ihn nicht verschuldet haben.

BEISPIEL

Der Mieter weigert sich, mehr als einmal am Tag im Herbst und Winter zu lüften, weil er befürchtet, dass die Wohnung zu sehr auskühlt. Dadurch entsteht Feuchtigkeit und Schimmelbildung.

Anspruch auf Mietnachzahlung

Hat sich herausgestellt, dass der Mangel nicht bauseitig bedingt war, sondern ausschließlich durch schuldhaft falsches Verhalten des Mieters, und hat dieser trotzdem die Miete gemindert, muss er den einbehaltenen Betrag nachzahlen (§ 535 Abs. 2 BGB). Seine Vermieterin hat einen Anspruch auf Vertragserfüllung.

Unterlassungsanspruch

Die Vermieterin kann nach § 541 BGB verlangen, dass der Mieter sich künftig vertragsgemäß verhält, wenn er bisher nachgewiesenermaßen nicht ausreichend geheizt und gelüftet hat. Verstößt der Mieter gegen die Vorgaben und setzt den vertragswidrigen Gebrauch trotz einer Abmahnung fort, kann die Vermieterin auf Unterlassung klagen.

Ordentliche Kündigung (§ 573 BGB)

Gemäß § 573 Abs. 2 Nr. 1 BGB kann die Vermieterin das Mietverhältnis kündigen, wenn der Mieter seine vertraglichen Pflichten schuldhaft „nicht unerheblich“ verletzt hat. Eine Verletzung der Erhaltungspflicht der Wohnung kann ein solcher Kündigungsgrund sein. Nach herrschender Meinung ist eine vorherige Abmahnung des Mieters nicht erforderlich. Für die Frage, ob eine Pflichtverletzung erheblich ist, kann eine Abmahnung allerdings zusätzlich Gewicht verleihen.

Außerordentliche fristlose Kündigung aus wichtigem Grund (§ 543 BGB)

Mahnt die Vermieterin ab und setzt der Mieter sein vertragswidriges Verhalten trotzdem fort, hat die Vermieterin die Möglichkeit, wegen Vertragsverletzung gemäß § 543 BGB fristlos zu kündigen.

BEISPIEL

Der Mieter wird über das richtige Heizen und Lüften in der Wohnung aufgeklärt, verstößt aber dennoch gegen die Hinweise der Vermieterin und gefährdet dadurch die Mietsache erheblich. Bevor es zur fristlosen Kündigung kommt, muss der Mieter unmissverständlich aufgefordert werden, Maßnahmen zu ergreifen, die zur Beseitigung des Schadens und zur Verhinderung künftiger Schäden erforderlich sind. Die Kündigung muss ihm nach herrschender Meinung schriftlich angedroht werden (LG Hamburg, Urteil vom 29. 8. 1985 – 7 S 69/85; AG Hannover, Urteil vom 31. 8. 2005 – 565 C 15388/04).

Als wichtiger Grund, der eine fristlose Kündigung rechtfertigt, gilt auch ein Zahlungsverzug (§ 543 Abs. 1 Satz 1 Nr. 3 BGB). Die fristlose Kündigung kommt außerdem in Betracht, wenn der Mieter die Miete gemindert hat, er aber bei Anwendung verkehrsüblicher Sorgfalt hätte erkennen können, dass die Voraussetzungen für eine Mietminderung nicht gegeben sind (BGH, Urteil vom 11. 7. 2012 – VIII ZR 138/11).

Was tun bei streitigen Ansprüchen?

Oft kann die Ursache eines Feuchte-/Schimmelschadens weder eindeutig festgestellt noch eindeutig einer Partei (Mietenden oder Vermietenden) zugeordnet werden. Gar nicht selten gibt es mehrere Ursachen, die ineinandergreifen, zum Beispiel Baumängel wie Wärmebrücken, die mit falschem Nutzungsverhalten zusammentreffen. Die großen Streitfragen lauten in der Regel: Wo kommt der Schaden her? Wer ist schuld daran? Nur wenn diese beiden Fragen beantwortet sind, lässt sich auch die für die Parteien wichtigste Frage klären: Wer muss am Ende was bezahlen? Eine gütliche Einigung ist eher selten; meist müssen Expertinnen und Experten aus den jeweiligen Fachgebieten hinzugezogen werden – das sind in aller

BEISPIEL

Aufgrund der Feuchtigkeit in zwei Räumen glaubt der Mieter, zu einer Mietminderung von 50 Prozent berechtigt zu sein. Es sind aber nur 20 Prozent angemessen. So entsteht ein Mietrückstand in Höhe von 30 Prozent. Sehr bald liegt ein erheblicher Zahlungsrückstand vor. Nur wenn der Mieter glaubhaft darlegt, er habe sich in einem unvermeidbaren Rechtsirrtum befunden, kann er sich entlasten.

Regel Sachverständige sowie Juristinnen und Juristen.

Beweislastprobleme

Wer – ob Mieter oder Vermieterin – aufgrund eines vorhandenen Wohnungsmangels Ansprüche stellt, trägt grundsätzlich die Beweislast. Wie soll aber zum Beispiel der Mieter den fehlerhaften Gebäudezustand nachweisen, wenn kein mit den Augen sichtbarer Mangel an der Fassade zu erkennen ist, sondern nur innerhalb der Wohnung Mängel auftreten, und zwar meistens an den Außenwandecken? Umgekehrt fällt es der Vermieterin sehr schwer, dem Mieter ein Verschulden beim Heizen und Lüften nachzuweisen, wenn sie dessen konkrete Wohngewohnheiten nicht kennt. Die Rechtsprechung hat deswegen eine Abgrenzung nach Gefahrenbereichen entwickelt.

Ist streitig, ob die Ursache der Feuchteschäden im Verantwortungsbereich der Vermieterin oder des Mieters liegt, ist zunächst die Vermieterin in der Pflicht. Sie muss sämtliche Ursachen ausräumen, die aus ihrem Gefahrenbereich herrühren können (Negativbeweis; BGH, Urteil vom 1. 3. 2000 – 12272/97 und vom 10. 11. 2004 – XII ZR 71/01). Erst dann, wenn ihr dieser Beweis gelungen ist, muss der Mieter beweisen, dass die Feuchteschäden nicht aus seinem Verantwortungsbereich stammen. Er muss also darlegen, wie er geheizt und wie oft und wie lange er täglich gelüftet hat. Außerdem muss er Angaben zur Ausstattung und Möblierung, zu Pflanzen in der Wohnung und Haustieren machen; also zu allen Umständen, die die Feuchteschäden herbeigeführt haben könnten.

Die Anwendung der Beweislastgrundsätze macht bei offensichtlichen Gebäudemängeln keine Schwierigkeiten. Dringt durch einen Rohrbruch Wasser in das Mauerwerk ein, fehlt eine Abdichtung gegen Feuchtigkeit oder weist die Fassade erhebliche Risse auf, liegt stets ein offensichtlicher Baumangel vor.

Problematisch wird es immer dann, wenn kein äußerer Bauschaden vorliegt und sich trotzdem Feuchtigkeit in einem oder mehreren Räumen gebildet hat. In der Rechtsprechung gibt es erheblichen Streit darüber, wann in solchen Fällen die vermietende Partei den Beweis erbracht hat, dass der Mangel nicht in ihrer „Sphäre“ zu suchen ist.

Etliche Gerichte finden es ausreichend, wenn feststeht, dass die maßgeblichen DIN-Vorschriften (insbesondere DIN 4108) zur Bauzeit erfüllt sind (LG Frankfurt, Urteil vom 7. 2. 2012 – 2-17 S 89/11; AG Nürtingen NZM 2011, 547 unter Berufung auf LG München I, Beschluss vom 16. 3. 1988 – 14 S 17

946/86; LG Konstanz, Urteil vom 10. 6. 1988 – 1 S 1/88). Das Verschulden der Mieterin oder des Mieters wird dann vermutet.

Der Gegenmeinung genügt das nicht. Nach ihrer Ansicht muss das Gebäude nicht nur den DIN-Vorschriften zur Bauzeit, sondern auch dem Stand der Technik zur Bauzeit entsprochen haben. Das ist nur der Fall, wenn unter anderem zum Zeitpunkt der Errichtung bekannte, wärmetechnische Bauverfahren eingehalten wurden. Außerdem muss aus rechtlicher Sicht für die Mieterin oder den Mieter feststehen, dass sie oder er einen Feuchteschaden durch zumutbare Verhaltensmaßnahmen im Rahmen seiner Obhutspflicht vermeiden kann (LG Konstanz, Urteil vom 20. 12. 2012 – 61 S 21/12 A; AG Hamburg-Blankenese, Urteil vom 6. 8. 2003 – 508 C 130/03 unter Berufung auf LG Hamburg, Urteil vom 10. 4. 2003 – 300 7 S 151/02; LG Lüneburg Urteil vom 22. 11. 2000 – 6 S 70/2000; LG Berlin, Urteil vom 23. 1. 2001 – 64 S 320/99; LG Aurich, Beschluss vom 9. 2. 2005 – 2 T 51/05).

BEISPIEL

(AG Celle, Urteil vom 28. 12. 2006 – 12 S 353/05 (16e); bestätigt von LG Lüneburg, Urteil vom 20. 6. 2007 – 6 S 15/07)
Der Mieter wohnt in einem 1965 errichteten Gebäude. Der Vermieter verlangt von ihm den Ersatz von Kosten, die er für die Beseitigung von Feuchtigkeit und Schimmel in der Wohnung aufwenden musste. Die Mängel seien im Spätherbst aufgetreten. Erst durch Anbringung einer Wärmedämmfassade habe er die Feuchtigkeitsprobleme beseitigen können. Der Vermieter behauptet, der Mieter habe durch falsches Lüften, eine zu geringe Beheizung und durch Wäschetrocknen in der Wohnung die Feuchteschäden selbst herbeigeführt. Der vom Gericht eingeschaltete Sachverständige kam zu dem Ergebnis, bei niedrigen Außentemperaturen könnten die Raumecken in den einzelnen Zimmern nur bis zu einer relativen Luftfeuchtigkeit von 44 Prozent tauwasserfrei gehalten werden. Unter üblichen raumklimatischen Bedingungen von 20 °C und 50 Prozent relativer Luftfeuchtigkeit seien Feuchteschäden bei niedrigen Außentemperaturen zwingend. Im Arbeitszimmer seien sogar bei erhöhten Raumtemperaturen von 24 °C keine tauwasserfreien Bedingungen herstellbar und deswegen Feuchteschäden unvermeidbar. Eine Beheizung mit 24 °C gilt im Allgemeinen als unzumutbar. Die Klage des Vermieters wurde abgewiesen.

Für diese Meinung gibt es gute Gründe: Im Vertragsrecht, also auch im Mietrecht, gilt der allgemeine Rechtsgrundsatz, dass einer mietenden Person nichts Unzumutbares abverlangt werden darf. Die Nachweispflicht der vermietenden Person endet also erst dort, wo nur noch eine Schadensursache aus dem Risikobereich der mietenden Person in Betracht kommen kann (LG Osnabrück, Urteil vom 19. 10. 2011 – 1 S 203/10). Erst dann ist zu untersuchen und zu bewerten, ob die Mieterin oder der Mieter den Feuchteschaden (mit) verursacht hat und ob sie oder ihn ein Schuldvorwurf trifft.

Allgemein ist zu beachten, dass DIN-Vorschriften Regelungslücken enthalten oder in anderer Weise hinter den allgemein anerkannten Regeln der Technik zurückbleiben können.

Darauf hat schon das OLG Celle (Beschluss vom 19. 7. 1984 – 2 UH 1/84) hingewiesen. Daher ist es richtig, den Stand der Bautechnik in den Fokus zu nehmen und nicht allein die DIN -Normen zu betrachten, wenn es um die Frage geht, wer für einen Feuchteschaden verantwortlich ist.

Bauliche Veränderungen im Laufe der Zeit

Abgesehen von dem eben beschriebenen Problem ist es auch möglich, dass die Vermieterin im Laufe der Zeit Änderungen an ihrem Bauwerk vorgenommen hat, die das Wärmeverhalten des gesamten Hauses beeinflussen. Bei normalem Nutzungsverhalten kam es früher häufig nur deshalb nicht zu Feuchtigkeit und Schimmelbildung in den Außenwandecken, weil die einfach verglasten Fenster an den Innenscheiben noch kälter waren als die Außenwände. Feuchtigkeit, die sich in den Räumen bildete, schlug sich dort schnell nieder und konnte einfach abgewischt werden (→ Seite 74 f.).

Mit Aufkommen der Isolierverglasung bei Fenstern waren plötzlich die Wände kälter als die Scheiben. Die Raumfeuchtigkeit schlug sich daher zuerst dort nieder, es kam zu feuchten Stellen, die sich nicht mehr so einfach abwischen ließen. Das unveränderte, bislang „normale" Verhalten des Mieters führte plötzlich zum Mangel in der Wohnung. Die DIN 4108 aus der Zeit der Bauerrichtung war zwar nach wie vor Ausgangspunkt für die Beurteilung der Baumängelfreiheit. Durch die Veränderung am Bauwerk waren aber die allgemein anerkannten Regeln der Technik nicht mehr eingehalten. Somit gehört es zum Risikobereich der Vermieterin, wenn sich durch eine Erneuerung der Fenster und/oder eine unvollständige

Dämmung der Wände der Taupunkt auf dem Außenwandbereich verändert (AG Hannover, Urteil vom 27. 6. 2012 – 425 C 9635/10; LG Berlin, Urteil vom 23. 1. 2001 – 64 S 320/99).

GUT ZU WISSEN

Nach höchstrichterlicher Rechtsprechung müssen **bauliche Veränderungen an Altbauten** den zurzeit der Durchführung dieser Maßnahmen geltenden (also neueren und in der Regel strengeren) DIN-Vorschriften genügen. Das gilt immer dann, wenn die Maßnahmen mit einem Neubau oder einer grundlegenden Veränderung des Gebäudes vergleichbar sind (BGH VIII ZR 287/12). Das ist zum Beispiel der Fall, wenn alle Fenster ausgetauscht werden. Hier sind vor allem die Planungsfirmen der Sanierungsmaßnahmen in der Pflicht, ein Lüftungskonzept vorzulegen, wenn mehr als ein Drittel der Fensterfläche einer Wohneinheit erneuert werden (vgl. DIN 1946 – Teil 6).

Sachverständige haben daher eine Schlüsselrolle bei der Frage, ob bauseitige oder nutzerbedingte Ursachen für die Feuchtigkeit und Schimmelbildung verantwortlich sind (→ Seite 61 ff.). Sie werden regelmäßig von Vermietenden oder von Gerichten – manchmal auch von Mietenden – herangezogen. Fehler passieren trotzdem, weil es auch unter Sachverständigen – wie überall – kompetente und weniger kompetente Fachleute gibt.

Sachverständige haben die Aufgabe, einen vorliegenden Sachverhalt baurechtlich einzuordnen. Dazu heißt es in der Norm DIN/TS 4108-T8 (2022-09) „Wärmeschutz und Energie-Einsparung in Gebäuden – Teil 8: Vermeidung von Schimmelwachstum in Wohngebäuden“: „Die Begutachtung eines vorhandenen Schimmelpilzschadens sollte der Frage nachgehen, ob die Ursache auf baukonstruktive und/oder nutzerbedingte Einflüsse zurückzuführen ist.“ Die oder der Sachverständige muss einschätzen, ob die baurechtlichen Voraussetzungen erfüllt sind, die es der Mieterin oder dem Mieter ermöglichen, die Wohnung im Rahmen eines zumutbaren Nutzungsverhaltens schadenfrei zu bewohnen. Wird das durch ein Gutachten bestätigt, ist der Negativbeweis erbracht. Erst danach stellt sich die Frage, ob und durch welches konkrete Nutzungsverhalten die Wohnung mangelhaft geworden ist. Im Prozessfall ist es dann Aufgabe des Gerichts zu ermitteln, ob die Mieterin oder den Mieter neben der Schadensverursachung ein Schuldvorwurf trifft.

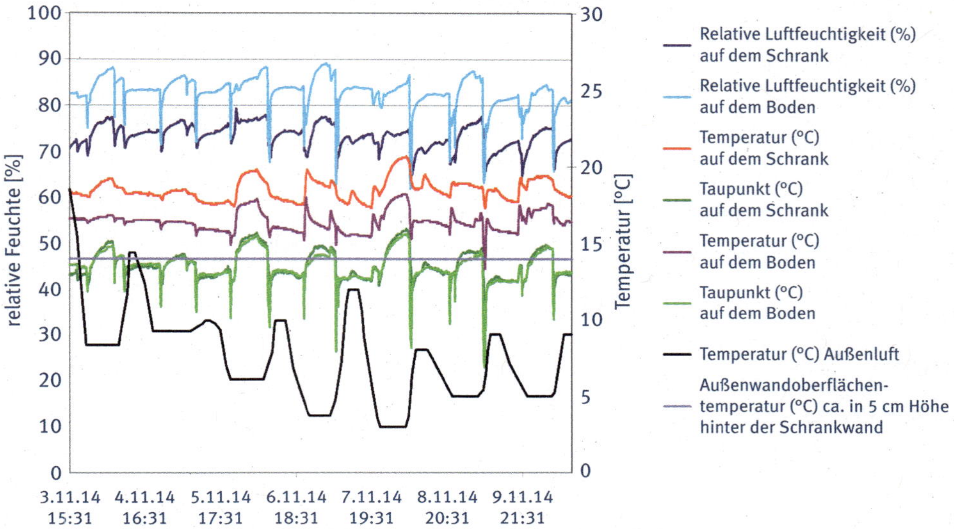

Abb. 1: Messdaten eines Datenloggers zu Temperatur und relativer Feuchte in einem Schlafzimmer mit einem Feuchte-/Schimmelschaden

Bei der Untersuchung des Bauwerks kann die oder der Sachverständige in der Regel feststellen, ob die DIN-Vorschriften eingehalten wurden, ob Risse oder andere schadhafte Stellen am Außenmauerwerk sichtbar sind, welche Instandsetzungsmaßnahmen im Bereich der Außenfassade nach der Errichtung durchgeführt wurden, ob es aufsteigende Feuchtigkeit gibt oder Wärmebrücken vorhanden sind. Außerdem muss sie oder er darlegen, was die Nutzerin oder der Nutzer im Hinblick auf Heizen, Lüften oder die Möblierung tun muss, um das Entstehen des Mangels zu vermeiden. Um konkrete Aussagen machen zu können, wird sie oder er in aller Regel Messungen vornehmen müssen. Selbst wenn von Kritikern angemerkt wird, es handle sich nur um Momentaufnahmen, die die Mieterin oder der Mieter – etwa durch stärkeres Heizen – beeinflussen könne, bleiben sie doch als Indizien für den Prozess wichtig. Der Einsatz von Datenloggern, die Temperatur und Lüftungsintervalle über einen längeren Zeitraum von beispielsweise 14 Tagen erfassen, ermöglicht durchaus verwertbare Aussagen über das Nutzungsverhalten.

Trotzdem kommen Sachverständige immer wieder zu dem Ergebnis, dass sie nicht mit Sicherheit sagen können, worauf Feuchtigkeit und Schimmelbildung zurückzuführen sind. Dies – so ihre Begründung – sei nur mit aufwendigen Maßnahmen (Aufbohren der

Wand) möglich oder mit hohen Kosten verbunden. So verständlich diese Argumentation ist: Will die Vermieterin oder der Vermieter den von der Rechtsprechung geforderten Negativbeweis führen, muss ein eindeutiges Ergebnis nachgewiesen werden. Ist das nicht möglich, ist die Tatsachengrundlage lückenhaft und der Negativbeweis nicht erbracht (LG Frankfurt/ Oder, Beschluss vom 14. 9. 2010 – 19 S 22/09).

Wird der Negativbeweis erbracht, muss das Nutzungsverhalten geprüft werden. Bei einem Prozess darf sich das Gericht nicht mit den Aussagen der oder des Sachverständigen begnügen. Ebenso wenig reicht es aus, wenn es sich auf die Angaben der Mietpartei oder deren Familienangehörigen verlässt. Denn erfahrungsgemäß ist die Beschreibung des eigenen Nutzungsverhaltens nicht sehr objektiv. Deshalb ist es wichtig zu prüfen, ob vergleichbare Probleme auch in anderen Wohnungen auftreten (LG Lüneburg, Urteil vom 8. 1. 1987 – 6 S 320/85), ob die Vormieterin oder der Vormieter bereits ähnliche Probleme hatte oder ob sich aus den Heizkostenabrechnungen der Mietpartei Indizien für eine zu geringe Beheizung der Wohnung ergeben. Am Ende muss das Gericht die Aussagen des/der Sachverständigen zusammen mit allen anderen Erkenntnissen bewerten. In vielen Fällen führen sowohl Nutzungsverhalten als auch baulich bedingte Einflüsse zu dem Schimmelschaden. Trifft die Mietpartei eine Mitschuld, kann das zu einer erheblichen Haftungsbeteiligung führen.

Die hier beschriebenen Beweislastregeln gelten für Erfüllungsansprüche, Mietminderungen und Vertragsverletzungen der Mietpartei. Sie gelten nicht für Schadensersatzansprüche, weil es dabei immer auf ein Verschulden der in Anspruch genommenen Partei ankommt und das gesetzliche Prinzip nicht durch Beweislastregeln unterlaufen werden kann (BGH, Beschluss vom 25. 1. 2006 – VIII ZR 223/04). Derjenige, der Schadensersatzansprüche stellt, muss also stets das Verschulden der Gegenseite beweisen.

Pflichten der Mieterin oder des Mieters

Zu der Frage, was einer Mietpartei in zumutbarer Weise abverlangt werden kann, gibt es keine einheitliche Rechtsprechung. Die zugrunde liegenden Fälle sind sehr unterschiedlich, weshalb es eine erhebliche Bandbreite innerhalb der Rechtsprechung bei der Bewertung des noch zumutbaren Wohnverhaltens und den nicht mehr zumutbaren Anforderungen an das Heizen, Lüften und Möblieren gibt. Auf jeden Fall ist immer von einer lebensnahen Betrachtungsweise auszugehen (BGH WM, Urteil vom 18. 4. 2007 – VIII ZR 182/06). Die nachstehenden Urteile können eine Orientierungshilfe geben –

mehr aber auch nicht. Wie zuvor bei den Beispielen zu Minderungsquoten gezeigt, gilt auch hier: Jeder Fall ist ein Einzelfall und muss auch als solcher betrachtet werden. Und in verschiedenen Gerichtsbezirken können bei sehr ähnlichen Sachverhalten ganz unterschiedliche Ergebnisse herauskommen.

Zumutbares Lüften

Um alle Ecken der Räume mit Frischluft versorgen zu können, eignet sich am besten die Stoß- oder Querlüftung. Die Rechtsprechung schwankt in der Beurteilung, wie oft ein Mieter lüften muss. Das Landgericht Hamburg (Urteil vom 1. 12. 1987 – 16 S 122/87) meint, Berufstätigen sei ein mehr als zweimaliges Lüften am Tag nicht zumutbar. In einem anderen Urteil hält das Landgericht Hamburg (Urteil vom 12. 6. 1987 – 11 S 341/86) einen dreimaligen Luftaustausch für vertragsgemäß. Überzeugend hat das OLG Frankfurt am Main (Urteil vom 11. 2. 2000 – 1947/99) ausgeführt, **für Berufstätige sei dreimaliges Lüften vertragsgemäß und zumutbar**, zweimal morgens und einmal abends (in anderen Entscheidungen wird vorgeschlagen, einmal morgens, dann nach der Rückkehr von der Arbeit und vor dem Schlafengehen zu lüften). Ähnlich sieht es das Amtsgericht Köln (Urteil vom 26. 10. 1998 – 213 C 266/98), das zwei- bis dreimaliges Lüften für jeweils zehn Minuten als normal bezeichnet.

Soweit eine Querlüftung nicht möglich ist, weil bei kleinen Wohnungen nur zwei Fenster entweder auf der Vorder- oder Rückseite des Gebäudes vorhanden sind, muss erfahrungsgemäß länger gelüftet werden (Landgericht Kleve, Urteil vom 9. 1. 2003 – 6 S 329/01). Der Bundesgerichtshof (Urteil vom 18. 4. 2007 – VIII ZR 182/06) hat es für zumutbar angesehen, eine etwa 30 Quadratmeter große Wohnung bei Anwesenheit von zwei Personen während des Tages (beispielsweise bei Rentnern) insgesamt viermal durch Kippen der Fenster für etwa drei bis acht Minuten zu lüften. Jedoch sollte das Kippen der Fenster die Ausnahme sein. **Von vielen Gerichten wird die Kipplüftung als nicht ausreichend bewertet** (AG Wolfsburg, Urteil vom 9. 10. 1985 – 10 C 163/85). Quer- oder Stoßlüftung ist stets zu bevorzugen. Ein Dauerlüften sollte aber auf jeden Fall vermieden werden.

Aber Achtung, auch hier gilt – wie bei der Mietminderung: Allgemeingültige Regeln gibt es nicht. Welche Belüftung (oder auch Beheizung) einer Wohnung zumutbar ist, kann nicht allgemeingültig und abstrakt und schon gar nicht unabhängig von Faktoren wie Alter und Ausstattung des Gebäudes, sondern nur unter Berücksichtigung der Einzelfallumstände bestimmt werden; das hat der Bundesgerichtshof im Jahr 2018 wieder mehrmals bestätigt (Urteil vom 5.12.2018 – VIII ZR 271/17; Urteil vom 5.12.2018 – VIII ZR 67/18).

Zumutbares Heizen

Normalerweise liegt die Raumtemperatur bei 20 °C. Ein ständiges Beheizen mit mehr als 20 °C ist unzumutbar (AG Siegburg, Urteil vom 3. 11. 2004 – 4 C 277/03; LG Lüneburg, Urteil vom 22. 11. 2000 – 7 S 70/2000); erst recht eine Beheizung mit 22 °C (LG Braunschweig, Urteil vom 11. 1. 1983 – 6 S 241/81). Dies würde eine Überheizung der Räume sowie einen erhöhten Energieverbrauch bedeuten. Für das Schlafzimmer hat das Amtsgericht Köln (Urteil vom 19. 1. 1988 – 208 C 147/87) entschieden, eine Raumtemperatur von 15 °C dürfe nicht unterschritten werden. Das Amtsgericht Königs Wusterhausen (Urteil vom 11. 5. 2007 – 9 C 174/06) weist darauf hin, eine Temperierung der Mieträume mit 17 °C lasse keinen Rückschluss auf unweigerliche Schimmelbildung in den Mieträumen zu. Das Landgericht Düsseldorf (Urteil vom 8. 10. 1991 – 24 S 82/91) hat es als unzumutbar angesehen, vom Mieter zu verlangen, in allen Räumen, also auch im Schlafzimmer, die Raumtemperaturen nicht unter 19 °C absinken zu lassen. **Hinter dieser Rechtsprechung steht der Gedanke, dass der Mieter nicht ohne Weiteres verpflichtet werden kann, Feuchtigkeitsbildungen durch erhöhten Heizeinsatz auszugleichen. Das gilt auch für den Erstbezug und die damit oft verbundene Neubaufeuchte** (LG Nürnberg-Fürth, Urteil vom 28. 8. 1987 – AZ 7 S 10158/86).

Zumutbare Möblierung

Grundsätzlich darf eine Mieterin oder ein Mieter davon ausgehen, ohne negative Folgen Möbel an den Außenwänden aufstellen zu können (LG Mannheim, Urteil vom 14. 2. 2007 – 4 S 62/06; LG München I, Urteil vom 26. 9. 1990 – 31 S 2007/89). Meistens reicht der durch eine Fußleiste geschaffene Abstand zur Wand aus, um für eine ausreichende Hinterlüftung zu sorgen (LG Berlin, Beschluss vom 19. 5. 1987 – 64 S 392/86; Urteil vom 14. 5. 1988 – 64 S 174/88). Es kann nicht verlangt werden, größere Schränke in einem Abstand von zehn oder mehr Zentimetern vor der Wand aufzustellen (LG Münster, Urteil vom 22. 3. 2011 – 3 S 208/10; ähnlich AG Osnabrück, Urteil vom 04. 7. 2005 – 14 C 385/04 (XXI); AG Bochum, Urteil vom 24. 3. 1983 – 63 C 265/82). Sollte dies ausnahmsweise doch notwendig sein, kommt ein Anspruch auf Mietminderung in Betracht (LG Hamburg, Urteil vom 26. 9. 1987 – 311 S 88/96). Ansonsten werden Mietende kaum Verständnis dafür haben, dass sie ein ausreichend großes Schlafzimmer anmieten, den Raum dann aber teilweise gar nicht nutzen können; sie zahlen letztendlich Miete für eine bestimmte Quadratmeterzahl, können de facto aber nur einen Teil davon nutzen.

Pflanzen, Vorhänge und Belegung

Die Verwendung bodenlanger Vorhänge ist in der Regel als vertragsgemäß anzusehen (AG Siegburg, Urteil vom 30. 6. 2011 – 112 C 68/10 und LG Bonn, Beschlüsse vom 24. 10. 2011 und vom 21. 11. 2011 – 6 S 79/11). Das Amtsgericht Rheine (Urteil vom 20. 7. 1988 – 3 C 431/87) hat die Auffassung vertreten, eine allzu umfangreiche Pflanzensammlung und ein Aquarium müssten aus der Wohnung entfernt werden (es handelte sich um 19 Pflanzen und ein Aquarium). Darüber hinaus gilt: Je mehr Menschen sich in einer kleinen Wohnung aufhalten, desto größer ist die Gefahr von Feuchtigkeitsbildungen. Das Landgericht Mönchengladbach (Urteil vom 7. 12. 1990 – 2 S 254/90) hat eine fristlose Kündigung des Vermieters wegen der Überbelegung von Wohnraum bestätigt. Er hatte eine nur 49 Quadratmeter große Wohnung an fünf Personen (zwei Erwachsene und drei Kinder) vermietet, was gerade noch vertretbar erschien. Nachdem die Mietenden zwei weitere Kinder bekamen, kündigte der Vermieter wegen Überbelegung. Das Landgericht argumentierte, die Überbelegung könne zu Feuchtigkeitserscheinungen und Schimmelbefall führen und habe dies offenbar auch schon getan. Dadurch sei die Wohnung übermäßig abgenutzt und beeinträchtigt worden.

Obhutspflicht und Aufklärungspflicht

Wie gesehen, gibt es eine erhebliche Bandbreite innerhalb der Rechtsprechung, wenn es um die Beurteilung des Nutzungsverhaltens geht. Genügt die Mieterin oder der Mieter der Obhutspflicht und treten trotzdem Feuchteschäden auf, stellt sich die Frage, ob eine Steigerung der Obhutspflicht Feuchtigkeitsbildungen verhindert hätte. In diesem Zusammenhang kommt der Aufklärungspflicht der Vermieterin oder des Vermieters erhebliche Bedeutung zu. Anhand von konkreten Fällen aus der Rechtsprechung sollen die Probleme erläutert und veranschaulicht werden.

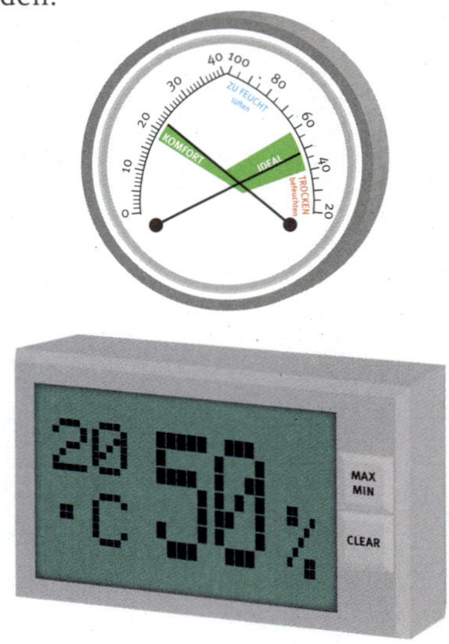

Abb. 2: Mit einem Thermohygrometer kann die relative Luftfeuchtigkeit und die Raumtemperatur festgestellt werden

Der U-Lüftungs-Fall (LG Kleve, Urteil vom 9. 1. 2003 – 6 S 329/01): In der Wohnung des Mieters gab es in mehreren Räumen Feuchteschäden, die im Wesentlichen auf einem Wasserschaden beruhten. Der Mieter minderte die Miete. Nach Austrocknung des Schadens blieben nennenswerte Schimmelbildungen vor allem im Kinderzimmer zurück. Der eingeschaltete Sachverständige stellte fest, Hauptursache der Feuchtigkeitsbildung sei eine angebrachte Aluminiumtapete. Außerdem konnte der Raum nur im Wege der sogenannten U-Lüftung gelüftet werden – das ist die Lüftung zu nur einer Hausseite hin.

Angesichts dieser Konstellation hätte der Mieter eindeutige Hinweise erhalten müssen, wie er das Kinderzimmer ordnungsgemäß belüften kann. Wegen der fehlenden Aufklärung war die vom Mieter vorgenommene Mietminderung berechtigt. Der eingeschaltete Sachverständige führte aus, die DIN 4108 sei „nur gerade eben erfüllt" und damit das Haus nur gering wärmegedämmt. Der bauphysikalisch ungünstige Zustand zeige sich dadurch, dass bei einer Außentemperatur von 0 °C bereits bei 54 Prozent relativer Luftfeuchtigkeit Tauwasser in der Außenwandecke der Küche ausfalle. Eine relative Luftfeuchtigkeit von 40 bis 60 Prozent in Wohnräumen sei jedoch normal. Der Mieter habe in üblichem Maße gekocht, abgewaschen und geduscht. Ein schuldhaftes Verhalten des Mieters sei daher nicht nachweisbar. Es bleibe deswegen bei der Haftung des Vermieters.

Der Schrank-Fall (LG Mannheim, Urteil vom 14. 2. 2007 – 4 S 62/06): Nach dem Einbau isolierverglaster Fenster zogen die Mieter im November 2001 in ihre Wohnung ein. Im Januar 2002 kauften sie einen neuen Schlafzimmerschrank und stellten ihn an der Wand auf. Ende Februar 2002 zeigten die Mieter das Auftreten von Schimmel hinter dem Schrank an. Im Juli 2004 besichtigte ein Sachverständiger die Wohnung. Er kam zu dem Ergebnis, Baumängel seien die Ursache von Feuchtigkeit und Schimmelbildung. Mit ihrer Klage forderten die Mieter Schadensersatz für den irreparabel beschädigten Schrank und die Anbringung einer Wärmedämmfassade. Der Vermieter wandte ein erhebliches Mitverschulden der Mieter ein. Er habe ihnen empfohlen, Möbelstücke mindestens fünf, besser zehn Zentimeter von der Außenwand abzurücken. Das Landgericht argumentierte: Der Mangel der Mietsache und der Zusammenhang zwischen den neu eingebauten isolierverglasten Fenstern und der Schimmelbildung bei unzureichender Wärmedämmung seien bewiesen. Ein Mitverschulden der Mieter komme nicht in Betracht, selbst wenn sie aufgeklärt worden seien. Die Mieter seien nicht verpflichtet, beim Aufstellen des Schrankes einen Mindestabstand einzuhalten. Er könne direkt an die Außenwand gestellt werden. Das gehöre zum üblichen und vertragsgemäßen Gebrauch der Wohnung. Etwas anderes gelte nur, wenn es eine anderweitige Vereinbarung gegeben hätte, was jedoch nicht der Fall war. Außerdem habe der Sachverständige darauf hingewiesen, dass die Schimmelbildung nicht hätte vermieden werden können, selbst wenn der Schrank mit mehr Abstand zur Außenwand gestanden hätte. Demzufolge erhielten die Mieter Schadensersatz für die Neuanschaffung der Schlafzimmereinrichtung zugesprochen.

Darüber hinaus wurde ihnen auch der Anspruch auf Anbringung einer Wärmedämmfassade zuerkannt. Der Vermieter wandte die hohen Kosten ein. Eine Innendämmung sei sehr viel preiswerter. Dem hielt das Landgericht entgegen, nach Bekunden des Sachverständigen müsse bei einer Innendämmung beim Aufstellen von Möbeln ein Abstand von circa 10 bis 15 Zentimetern zur Wand eingehalten werden. Darin sah das Landgericht eine erhebliche Änderung des vertragsgemäßen Gebrauchs. Diese sei nur im Einvernehmen mit den Mietern möglich. Hätte der Vermieter schon bei Vertragsbeginn für Klarheit gesorgt und eine mietvertragliche Regelung getroffen, wären ihm die hohen Kosten erspart geblieben.

Der Neubau-Fall (LG Wuppertal, Urteil vom 11. 10. 2002 – 10 S 22/02): Der Mieter zog in eine neue Wohnung ein und stellte alsbald fest, dass insbesondere im Schlafzimmer Schimmel entstand. Der Vermieter warf dem Mieter falsches Heizen und Lüften vor. Der hinzugezogene Sachverständige stellte fest, dass beim Bezug der Wohnung Neubaufeuchte vorhanden war, die einen erheblichen Luftwechsel und zudem ein intensives Heizen erfordert hätte. Der Mieter sei jedoch nicht verpflichtet, Neubaufeuchte durch übermäßiges Heizen und Lüften auszugleichen. Zwar habe der Vermieter den Mieter bei den Vertragsverhandlungen darauf hingewiesen, dass es bei Neubauten zu einer erhöhten Restbaufeuchte kommen kann. Er habe aber keinerlei Hinweise gegeben, wie der Mieter der Restneubaufeuchte konkret begegnen könne. Deswegen sei die Mietminderung berechtigt (ähnlich LG Lübeck, Urteil vom 8. 1. 1988 – 6 S 285/87; AG Bad Schwartau, Urteil vom 3. 11. 1987 – 3 C 1176/86; AG Hannover, Urteil vom 17. 9. 1997 – 16 C 14.546/96).

Der Mitverschuldens-Fall (LG Hannover, Urteil vom 16. 5. 1988 – 9 S 389/87): Nicht selten kommen sowohl ein Baumangel als auch ein fehlerhaftes Nutzungsverhalten zusammen. Das hat vor allem bei einer Mietminderung Auswirkungen. In dem entschiedenen Fall kam der vom Gericht eingeschaltete

Sachverständige zu dem Ergebnis, dass ein Baumangel vorlag. Auch bei ordnungsgemäßem Heizen und Lüften war die Außenwand anfällig dafür, dass sich bei niedrigen Außentemperaturen Oberflächentauwasser bildet. Das Gericht meinte, durch extrem starkes Heizen und Lüften könne letztendlich jegliche Tauwasserbildung vermieden werden. Dies sei jedoch nicht zumutbar. Andererseits hätten die Mieter aber ihr Wohnverhalten zumindest in einem zumutbaren Maß der vorgegebenen Baukonstruktion anpassen müssen, was nicht geschehen sei. Nach sorgfältiger Abwägung setzte das Gericht die von den Mietern geltend gemachte Mietminderung von 30 auf 15 Prozent herab.

Ein mögliches Mitverschulden muss häufig mitberücksichtigt werden. Hierdurch kann es zu einer erheblichen Herabsetzung des Mietminderungssatzes kommen. Der Anspruch des Mieters auf Mangelbeseitigung bleibt von dem Mitverschulden jedoch unberührt. Außerdem muss stets der Unterschied zwischen Verursachung und Verschulden beachtet werden. Ist streitig, ob ein Mitverschulden vorliegt, trifft den Vermieter die Beweislast (AG Regensburg, Urteil vom 10. 11. 2010 – 8 C 1808/09).

Der Unaufklärbarkeits-Fall (LG Osnabrück, Urteil vom 2. 12. 1988 – 11 S 277/88): Wie muss entschieden werden, wenn sich nicht feststellen lässt, worauf Feuchteschäden zurückzuführen sind? In dem Fall konnte ein Sachverständiger nicht ermitteln, ob bauseitige Schwachstellen oder falsches Nutzungsverhalten die Ursache für die entstandenen Feuchtigkeitserscheinungen waren. Ein Verschulden des Mieters war aber nicht feststellbar. In solchen Fällen liegt die Beweispflicht beim Vermieter. Er hat für den Mangel einzustehen (herrschende Meinung, LG Göttingen, Urteil vom 7. 5. 1986 – 5 S 106/85; LG Hannover, Beschluss vom 17. 9. 2007 – 2 T S 4/07; LG Hildesheim, Urteil vom 8. 4. 2004 – 7 S 9/04. Vergleiche auch BGH, Urteil vom 18. 5. 1994 – XII ZR 188/92).

Aufklärungspflichten der Vermieterin oder des Vermieters bei baulichen Veränderungen

Die meisten Streitigkeiten zwischen der vermietenden und der mietenden Partei treten bei baulichen Veränderungen auf. Danach kann es zu Feuchte-/Schimmelschäden kommen, obwohl Mieterin oder Mieter das Nutzungsverhalten nicht verändert haben.

Der klassische Modernisierung-Fall (LG München, Urteil vom 8. 3. 2007 – 31 S 14.459/06): In der vom Mieter seit 1996 bewohnten Wohnung wurden Ende 2002 neue Isolierglasfenster eingebaut. Anfang 2003 bemerkte der Mieter Schimmel und minderte die Miete. Der Vermieter ließ die aufgetretenen Schimmelflecken mit Schimmelmittel behandeln und überstreichen. Später trat erneut Schimmel auf, was den Mieter zu einer erneuten Mietminderung veranlasste. In dem anschließenden Beweisverfahren stellte der vom Gericht beauftragte Gutachter im Juli 2005 fest, es seien keine baulichen Mängel als Ursache für die entstandene Feuchtigkeit und Schimmelbildung erkennbar. Bei neuen, dichteren Fenstern müsse aber anders gelüftet werden als bei schlecht dämmenden Fenstern.

Das Landgericht München wies darauf hin, es sei grundsätzlich Sache des Vermieters, beim Einbau neuer Fenster die notwendigen Vorkehrungen gegen Feuchtigkeit zu treffen. Er habe das Gesamtgefüge des Hauses so verändert, dass nunmehr die Außenwände die schlechteste Wärmeisolierung aufweisen. Dadurch sei der Baukörper nicht mehr in sich stimmig, was zu dem Mangel in der Wohnung führe. Der Vermieter müsse mithilfe eines Sachverständigen feststellen, welches Verhalten notwendig sei, um die Schimmelbildung zu vermeiden, und diese Hinweise an den Mieter weitergeben. Der Mieter sei nicht verpflichtet, selbst zu überlegen, wie er sein Lüftungsverhalten anzupassen hat.

Dieser Standpunkt wurde von den meisten Gerichten geteilt (zum Beispiel LG Oldenburg, Urteil vom 7. 10. 1999 – 9 S 731/99; LG Gießen, Urteil vom 12. 4. 2000 – 1 S 63/00; LG Heidelberg, Urteil vom 21.1.2013 – 5 S 99/11). Das LG Berlin (Urteil vom 23. 1. 2001 – 64 S 320/99) weist auf die Schwierigkeit für den Mieter hin, zu erkennen, dass er sein bisher ordnungsgemäßes Verhalten ändern muss. Das LG Neubrandenburg (Urteil vom 2. 4. 2002 – 1 S 2 97/01) weist ergänzend darauf hin, dass der Mieter nicht in allgemeiner Form, sondern auf die konkreten Raumverhältnisse hin zu belehren ist: „Gerade weil die Änderung in der Bausubstanz vom Vermieter veranlasst wird und diese Maßnahme grundsätzlich in seine Sphäre gehört, ist es seine Verpflichtung, den Mieter darauf aufmerksam zu machen, dass dieser sein bislang ausreichendes Heiz- und Lüftungsverhalten anzupassen hat. Es ist nicht Aufgabe des Mieters, nach dem Einbau dichtschließender Fenster selbst herauszufinden, durch welches Verhalten auftretenden Feuchtigkeitserscheinungen begegnet werden kann. Daher kann der Vermieter auch nicht davon ausgehen, der Mieter werde die notwendigen Anstrengungen unternehmen und selbst ermitteln, wie er sein künftiges Wohnverhalten zu gestalten habe." Das AG Ludwigsburg bekräftigt, dass es in der Regel „eines ausreichenden Hinweises auf die geänderte konkrete Lüftungsnotwendigkeit" bedürfe (Urteil vom 2.3.2021 – 1 C 1013/19).

Genau dies – eigenverantwortliche Ermittlungen der individuellen Heiz- und Lüftungsnotwendigkeit durch den Mieter – fordern aber einige Gerichte (LG Frankfurt, Urteil vom 7. 2. 2012 – 2-17 S 89/11; AG Nürtingen, Urteil vom 9. 6. 2010 – 42 C/1905/09; LG Freiburg, Urteil vom 5. 1. 2010 – 3 S 232/09). Der Mieter könne nur einen Standard erwarten, der bei vergleichbaren Wohnungen üblich sei. Die bei Bauten der 1950er- und 1960er-Jahre vorhandenen Wärmebrücken müssten als zum Zeitpunkt der Errichtung normal angesehen werden. Der Vermieter müsse den Mieter nicht extra darauf hinweisen, dass und wie er sein Verhalten ändern muss. Er könne dieses Wissen als allgemein bekannt voraussetzen.

Diese Auffassung ist schon deswegen problematisch, weil es einen „üblichen" problembehafteten Gebäudestandard bezüglich Feuchtigkeit und Schimmel nicht gibt. Untersuchungen von Expertinnen und Experten haben ergeben, dass sich die problematischen Fälle auf sehr unterschiedliche Baujahrgänge, Gebäudearten und Ausstattungen erstrecken. Wie soll eine Mieterin oder ein Mieter wissen, ob ihre bzw. seine Wohnung zu den „üblichen" problematischen Wohnungen gehört und mit welchem besonderen Nutzungsverhalten sie bzw. er Schimmelschäden verhindern kann? Das Baualter sieht man dem Haus in der Regel nicht an. Auch weiß ein Mietinteressent in der Regel nicht, inwieweit das Gebäude seit seiner Errichtung verändert wurde. Wäre die von der Mindermeinung vertretene Auffassung richtig, müsste der Mieter zwei Fragen beantworten:

- → Ist es überhaupt möglich, mit einem veränderten Nutzungsverhalten die entstehende Schimmelbildung zu vermeiden?
- → Wenn ja, mit welchen konkreten Veränderungen im Nutzungsverhalten kann die Wohnung zukünftig schadenfrei bewohnt werden?

Der Versuch, diese Fragen zu beantworten, würde die Mieterin oder den Mieter in erhebliche Beweisnot bringen. Sie oder er müsste bis in den Bereich der Unzumutbarkeit hinein experimentieren, was sie oder er am Heiz- und Lüftungsverhalten, an der Ausstattung oder der Möblierung zu ändern hat, um für einen schadenfreien Zustand zu sorgen (im Kapitel „Beweislastprobleme" wurde schon darauf hingewiesen, dass Unzumutbares nicht verlangt werden kann). Dagegen kann die Vermieterin oder der Vermieter in der Regel schon vor den Baumaßnahmen von Sachverständigen klären lassen, ob es zu bauphysikalischen Veränderungen kommen wird und wie diesen durch ein verändertes Nutzungsverhalten zu begegnen ist. Da sie oder er die baulichen Veränderungen veranlasst hat, muss sie oder er auch die Konsequenzen bedenken und gegebenenfalls die Mieterin oder den Mieter über eine gesteigerte Obhutspflicht aufklären.

Merkblätter und Broschüren reichen oft nicht aus

Um über das richtige Nutzungsverhalten aufzuklären, überreichen viele Vermieterinnen und Vermieter ihren Mieterinnen und Mietern ein Merkblatt oder eine kleine Broschüre mit dem Hinweis, die dort aufgeführten Empfehlungen zu beachten. Vielfach genügt das aber nicht, weil die entsprechenden Hinweise zu allgemein gehalten und für die konkrete Wohnsituation unbrauchbar sind. Sie bieten zwar eine Orientierungshilfe, mehr aber auch nicht. Konkrete Hinweise zur Wohnungsnutzung sind erst nach einer Ortsbesichtigung möglich, eventuell unter Einbeziehung von neutralen Fachleuten, wie zum Beispiel Bausachverständigen oder Energieexpertinnen und -experten der Verbraucherzentrale (Adressen → Seite 215f.). Der Mehraufwand für die Vermieterin oder den Vermieter lohnt sich in aller Regel. Denn durch ein angepasstes Nutzungsverhalten kann die Wohnung schadensfrei bleiben. Die Mieterin oder der Mieter muss die gesteigerte Obhutspflicht hinnehmen, soweit sie zumutbar ist (LG Wuppertal, Urteil vom 11. 10. 2002 – 10 S 22/02; LG Mannheim, Urteil vom 15. 11. 1989 – 4 S 214/88-ZMR). Wann die Grenze zur Unzumutbarkeit überschritten ist, muss von Fall zu Fall entschieden werden. Orientieren können Sie sich dabei unter anderem an den zuvor genannten Gerichtsurteilen.

Beispiele für gesteigerte Obhutspflichten:

- häufigere Lüftungsintervalle;
- Einhalten einer relativen Luftfeuchte von unter 60 Prozent;
- Beheizung des Schlafzimmers am Tage;
- Verpflichtung, die Wohnung (oder einen Raum) nicht unter 19 °C zu beheizen;
- Entfernung von Pflanzen oder Aquarien;
- Entfernung von Stores oder Gardinen (oder deren Kürzung);
- Entfernung von Tapeten;
- Abrücken von Schränken oder anderen Möbeln;
- Verbot, in der Wohnung Wäsche zu waschen.

Dies ist keine abschließende Aufzählung. Für die vermietende Person (sie hat ja das Bauwerk verändert) lohnt es sich in aller Regel, Thermohygrometer oder Datenlogger aufzustellen, damit die Mietenden die neuen Anforderungen besser einhalten können und sich ihr Verhalten kontrollieren lässt. Besteht Unsicherheit, ob die Zumutbarkeitsgrenze überschritten ist, empfiehlt es sich dringend, schriftlich eine individuelle, auf den konkreten Einzelfall zugeschnittene Beschaffenheitsvereinbarung zu treffen. Das ist aber nur einvernehmlich möglich. Es kann passieren, dass es der Vermieterin oder dem Vermieter nicht gelingt, mit den Mietenden eine konkrete Vereinbarung zu treffen, entweder weil sich nicht feststellen lässt, wie im konkreten Fall das Nutzungsverhalten aussehen muss, oder weil Maßnahmen notwendig wären, die die Mietenden berechtigterweise als unzumutbar ablehnen. Dann bleibt der vermietenden Person nichts anderes übrig, als bestehende Mängel zu beheben.

→ TIPP

Mit dem Onlinetool des Bundesverbands für Wohnungslüftung e.V. (VfW) können Sie überprüfen, ob Sie weitere lüftungstechnische Maßnahmen benötigen. Es dienst Ihnen als Information und als Gesprächsgrundlage für Ihre weitere Sanierungsplanung.
www.vfw-tool.de

Beschaffenheitsvereinbarungen

Wie eine zwischen Vermietenden und Mietenden im laufenden Vertragsverhältnis auszuhandelnde Beschaffenheitsvereinbarung aussehen kann, zeigt das folgende Beispiel. Es ist an den Schrank-Fall angelehnt.

- → Der Sockelbereich hinter dem Schrank wird fachgerecht durch einen vom Vermieter zu beauftragenden Malerbetrieb isoliert und gestrichen.
- → Nach Austrocknung der gestrichenen Wand wird der Schrank entweder mit einem Abstand von 15 Zentimetern von der Wand aufgestellt oder auf der anderen Zimmerseite an einer Innenwand platziert.
- → Als Ausgleich für den Platzverlust wird die Miete um drei Prozent ermäßigt.
- → Der Mieter verpflichtet sich, in den Herbst- und Wintermonaten (November bis März) dreimal täglich für mindestens vier Minuten die Wohnung quer zu lüften.
- → Sollte der Mieter wider Erwarten erneut Schimmelbildung feststellen, wird er dies umgehend dem Vermieter anzeigen, damit diese Vereinbarung neu gefasst werden kann.

Derartige Beschaffenheitsvereinbarungen empfehlen sich auch bei Neuabschluss eines Mietvertrages, wenn der Vermieterin oder dem Vermieter geometrische oder konstruktive Wärmebrücken, aufsteigende Feuchtigkeit oder Neubaufeuchte bekannt sind. Die Grenze für Vereinbarungen ist dort zu ziehen, wo nachweislich eine Gesundheitsgefährdung aufgrund des Wohnungszustandes besteht (Bundesverfassungsgericht, Beschluss vom 4. 8. 1998 – 1 BvR 1711/94) oder Sittenwidrigkeit (§ 138 BGB).

Vereinzelt wird in der Rechtsprechung die Ansicht vertreten (zuletzt vom AG Nürtingen, Urteil vom 9. 6. 2010 – 42 C 1905/09), eine Beschaffenheitsvereinbarung liege schon dann vor, wenn der Mieter in einen Bau von 1960 einzieht, der mit isolierverglasten Fenstern ausgestattet ist, jedoch ohne Wärmedämmfassade. Er wisse dann, dass und wie er sein Nutzungsverhalten auf diesen Bau einstellen muss. Das ist aber nicht richtig. Die meisten Mieter kennen das Baujahr ihrer Wohnung bei Anmietung nicht. Sie machen sich auch keine Gedanken über das zukünftige konkrete Nutzungsverhalten. Mit Blick auf die vielen denkbaren Verhaltensmaßnahmen beim Heizen, Lüften oder Möblieren wären sie damit in aller Regel überfordert. Der Mieter hat bei Bezug der Wohnung keine Erkundungs- und Untersuchungspflicht bezüglich etwaiger Mängel. Das hat der Bundesgerichtshof mehrfach betont (BGH, Urteil vom 4. 4. 1977 – VIII ZR 143/75 und vom 28. 11. 1979 – VIII ZR 302/78- WM 1978,88). Gerade deswegen ist es so wichtig, bei Vertragsbeginn Beschaffenheitsvereinbarungen zu treffen und wichtige Informationen über die Wohnung zu vermitteln. Sie sind aber nur wirksam, wenn sie dem Willen beider Vertragsparteien entsprechen und eindeutig sind (BGH, Urteil vom 10. 2. 2010 – VIII ZR 343/08).

Fazit

Die Erläuterungen zeigen, wie unterschiedlich die Probleme liegen können und wie unsicher es ist, ergangene Urteile auf einen anderen Fall zu übertragen. Gerade das Mietrecht ist – wie mehrfach betont – stark von Einzelfallentscheidungen geprägt. Es ist daher fast immer unumgänglich, fachlichen Rat einzuholen.

Ein Prozess zerstört das Vertrauensverhältnis zwischen Vermieterin oder Vermieter und Mieterin oder Mieter. Und zieht ein Mieter entnervt aus, kommt es nicht selten auch im nächsten Mietverhältnis zum Konflikt. Die nachfolgenden Empfehlungen helfen, solche Streitigkeiten zu vermeiden.

Als Vermieterin oder Vermieter:

→ Sie sollten neue Mietende schon vor Vertragsbeginn über etwaige vorhandene Neubaufeuchte oder Schwachstellen des Bauwerks, die Ihnen mit Blick auf Feuchtigkeitsbildungen bekannt sind, aufklären. Gleichzeitig sollten Sie konkrete Vereinbarungen zum Nutzungsverhalten treffen und für sachliche Einweisung in die Nutzung der Wohnung sorgen. Merkblätter zu verteilen, reicht nicht aus.

- Nehmen Sie im Laufe des Mietverhältnisses bauliche Veränderungen vor (zum Beispiel den Einbau von Wärmeschutzfenstern), sollten Sie über Ihr Planungsunternehmen (kann auch der Fensterbaubetrieb sein) mit einem Lüftungskonzept nach DIN 1946, Teil 6, kontrollieren lassen, ob lüftungstechnische Maßnahmen (Außenluftdurchlässe oder Wohnungslüftungsanlage) zum Mindestfeuchteschutz erforderlich sind. Darauf aufbauend sollten Sie die Mietenden im Anschluss konkret darauf hinweisen, wie sie ihr Heiz- und Lüftungsverhalten künftig gestalten sollten. Auch hierüber empfiehlt sich dringend eine vertragliche Regelung.
- In besonders schwierigen Wohnsituationen können Sie eine kontrollierte Lüftungsanlage (zentral oder dezentrale/mit oder ohne Wärmerückgewinnung) einbauen lassen. Der Vorteil dieser Lösung ist, dass ein dauerhafter hygienischer Grundluftwechsel garantiert wird – unabhängig von Windeinflüssen und Nutzungsverhalten.

Als Mieterin oder Mieter:

- Kommt es zu Feuchtigkeitsbildungen, müssen Sie diese umgehend Ihrer Vermieterin oder Ihrem Vermieter mitteilen, um Ihrer gesetzlichen Anzeigepflicht zu genügen.
- Ist unklar, ob Ihr Verhalten Ursache für Feuchtigkeitsbildungen ist, empfiehlt es sich dringend, Messgeräte (Thermohygrometer, Datenlogger oder „Schimmelwächter“) in der Wohnung aufzustellen, die über einen längeren Zeitraum Luftfeuchtigkeit und Temperatur in den von Feuchtigkeit befallenen Räumen erfassen.
- Die Grenze für Anforderungen an das Heiz- und Lüftungsverhalten bleibt immer die Zumutbarkeit. Wohnraum muss zum normalen Wohnen geeignet sein und bleiben.

→ TIPP

Bundesweit steht ein kostenfreies Angebot der Verbraucherzentralen für eine Energieberatung zum Strom und Wärmeverbrauch zur Verfügung, die bei Bedarf auch vor Ort stattfinden kann. Buchbar unter:
www.verbraucherzentrale-energieberatung.de
Informationen zum Lüftungskonzept als Basis für die Handlungsempfehlungen sind zu finden unter:
www.verbraucherzentrale.nrw/node/5411

Baurecht

Das Baurecht unterliegt den Regelungen des Werkvertragsrechts; reformiert zum 1. Januar 2018 (§§ 631 – 650 v BGB). Das Auftreten von Schimmel kann deswegen einen Mangel oder eine Mangelfolgeerscheinung im Sinne des § 633 BGB darstellen. Die Definition eines Mangels ist im Werkvertragsrecht allgemein gehalten. Ein Mangel liegt entweder vor,

- → wenn eine Abweichung des (Bau-) Werks von einer Beschaffenheitsvereinbarung zwischen Besteller und Unternehmer vorliegt oder
- → sich das Werk für die vereinbarte Nutzung nicht eignet oder
- → von der „üblichen" Qualität abweicht.

> BEISPIEL
>
> So entschied der Bundesgerichtshof bezüglich eines verschimmelten Dachstuhls, dass dieser ersetzt werden musste, obwohl Maßnahmen zur Schimmelbeseitigung erfolgt waren. Denn dabei war es nicht gelungen, den Schimmel vollständig zu entfernen (BGH, Urteil vom 29. 6. 2006 – VII ZR 274/04). Hierbei führte der Senat aus, dass es nicht darauf ankommt, ob vom verbliebenen Schimmel Gesundheitsgefahren ausgehen oder nicht. Der Besteller habe nun einmal einen Dachstuhl ohne Schimmel bestellt, nicht einen verschimmelten.

Die Rechtsprechung hat zudem den „funktionalen Mangelbegriff" eingeführt (zum Beispiel BGH, Urteil vom 30. 6. 2011 – VII ZR 109/10), also für die Entscheidung, ob ein Mangel vorliegt, die Frage nach der Tauglichkeit der Werkleistung vorangestellt.

Das bedeutet nicht, dass jedes (Bau-) Werk völlig schimmelfrei sein muss. Es dürfen aber keine Belastungen vorliegen, die vom „Üblichen" abweichen. Weil es jedoch für Schimmelpilze in Innenräumen keine Grenzwerte gibt, musste in jedem Einzelfall entschieden werden, ob eine außergewöhnliche Belastung vorliegt oder nicht.

Mittlerweile gibt es aus der Rechtsprechung aber Unterstützung. Es wurde in drei Angelegenheiten entschieden, dass eine Belastung (im Material) von 1 x 10^4 KBE/g (koloniebildende Einheiten pro Gramm) aus werkvertraglicher Sicht einen Mangel darstellen kann. In diesen Fällen gingen die Gerichte weiter als der BGH im Jahr 2006: Solche Belastungen stellen ein gesundheitliches Risiko dar, das dazu führt, dass eine Abweichung von der üblichen Beschaffenheit vorliegt und damit ein Mangel (OLG München – 28 U 2778/16 Bau, 28 U 105/17; Urteil vom 30.01.2018 und OLG Naumburg, Urteil vom 11.07.2019 - 1 U 116/18). Nachdem es aber in Deutschland kein „Richterrecht" gibt, muss trotzdem in jedem einzelnen Fall sorgfältig abgewogen werden, ob ein sachverständig festgestellter Befall einen Mangel im Sinne des Werkvertragsrechts darstellt.

Darüber hinaus ist zu beachten, dass in der Regel nicht der Schimmel selbst der Mangel im Sinne des Werkvertragsrechts ist; er ist eher eine Mangelfolgeerscheinung. Der eigentliche Mangel ist in den meisten Fällen die Ursache der Schimmelbildung, also zum Beispiel eine konstruktive Wärmebrücke, die zu einer Unterkühlung eines Teils des Baukörpers führt. Für den Besteller ist diese Unterscheidung aber nicht so wichtig. Denn auch eine Mangelfolgeerscheinung gehört rechtlich zum eigentlichen Mangel und kann Gewährleistungsansprüche auslösen.

Gewährleistungsansprüche

Liegen Gewährleistungsansprüche vor, sollten Sie als Besteller darauf achten, diese richtig geltend zu machen und durchzusetzen. Dazu muss in aller Regel zunächst eine Mängelrüge erfolgen, und zwar möglichst zeitnah nach der Entdeckung des Mangels.

> **GUT ZU WISSEN**
>
> Die gesetzliche Frist für die **Durchsetzung von Gewährleistungsansprüchen** ist bei Bauwerken in der Regel fünf Jahre nach Abnahme. Das ist auf den ersten Blick eine lange Zeit. Aber weil die Nacherfüllungsfrist einbezogen wird und der Kunde besser einen Sicherheitszuschlag für den Fall einplant, dass es zum Streit kommt, sollte er schnell reagieren und eine Mängelrüge aussprechen, sobald er Feuchtigkeit oder Schimmel entdeckt.

Die **Mängelrüge** muss das äußere Erscheinungsbild des gerügten Mangels benennen; zu den Ursachen müssen Sie sich nicht äußern (zum Beispiel BGH, Urteil vom 8. 5. 2003 – VII ZR 407/01). Dem Unternehmer muss Gelegenheit gegeben werden, den Mangel zu beseitigen („Nacherfüllung"). Dazu hat er ein Recht aus den werkvertraglichen Vorschriften. Doch oft zeigt sich in der Praxis, dass die Fronten zwischen Besteller und Unternehmer bereits verhärtet sind. Die Bereitschaft des Bestellers, den Unternehmer überhaupt noch agieren zu lassen, ist gering bis nicht mehr vorhanden. Auf persönliche Gefühlslagen nimmt das Werkvertragsrecht aber keine Rücksicht. Die Nacherfüllung – und zwar durch den Unternehmer – ist ein so zentrales Rechtsinstrument, dass kaum Konstellationen vorstellbar sind, bei denen der Unternehmer dieses Recht verwirkt hätte. Bekommt der Unternehmer keine Chance zur Nacherfüllung, können an diesem Versäumnis alle nachfolgenden, sogenannten sekundären Gewährleistungsrechte scheitern.

Eine Mängelrüge sollten Sie immer so verschicken, dass Sie den Zugang im Streitfall nachweisen können. Am sichersten ist ein Einschreiben. Ferner sollten Sie dem Unternehmer eine angemessene Nacherfüllungsfrist setzen. Was angemessen ist, muss im Einzelfall entschieden werden. Allgemeine Regeln gibt es nicht. Einerseits muss die Frist so lange sein, dass der Unternehmer eine realistische Möglichkeit hat, innerhalb dieser Zeit den Mangel zu beseitigen. Andererseits fordert der Bundesgerichtshof vom Unternehmer verstärkte Bemühungen, also mehr als der übliche Betriebsablauf erfordert. Im Zweifel sollten Sie sich rechtlich beraten lassen.

Wenn feststeht, dass die Nacherfüllung, also die fachgerechte Sanierung, trotz nachweislich ausgebrachter Mängelrüge und angemessener Fristsetzung entweder nicht vorgenommen wurde oder im Ergebnis gescheitert ist (das Risiko des Scheiterns liegt immer auf der Seite des Unternehmers), so bietet § 634 BGB, Nr. 2 bis 4, eine Reihe von sekundären Gewährleistungsansprüchen an: zum Beispiel Schadensersatz wegen Nichterfüllung, Minderung und Vorschuss für Ersatzvornahme, wenn ein Dritter die Mängel beseitigt. Aus praktischen Gründen muss die Wahl des sekundären Gewährleistungsanspruchs heute aber nicht mehr umfassend erfolgen. Der Bausenat des BGH hat am 22.02.2018 seine Rechtsprechung entscheidend geändert: Solange ein Mangel nicht tatsächlich beseitigt wurde und dafür Rechnungen vorgelegt werden können, sollte man es beim Vorschussanspruch belassen (BGH; Urteil vom 22.02.2018 - VII ZR 46/17). Diesbezüglich sollte man jedoch anwaltlichen Rat einholen.

In einem solchen Fall muss genau unterschieden werden: Wegen des Gewährleistungsmangels muss eine Nacherfüllungsfrist gesetzt werden. Wegen der Haftpflichtschäden gilt das nicht.

Hier greifen die Vorschriften des Deliktrechts. Für Sie als Kundin oder Kunde ist es wichtig, darauf zu achten, dass der Unternehmer den Schaden seiner Betriebshaftpflichtversicherung meldet.

> **ACHTUNG**
>
> **Mangelfolgeerscheinungen** wie Schimmelbefall zeigen sich manchmal außerhalb des Gewerks des Unternehmers. Wenn zum Beispiel der Heizungsbaubetrieb (das nur den Auftrag hatte, die Heizungsanlage einzubauen) ein Heizungsrohr mangelhaft verpresst, dann besteht der Gewährleistungsschaden genau in diesem Mangel. Führt das falsch verpresste Rohr aber zu einer Unterflutung der gesamten Geschossebene und in der Folge zu einer Schimmelbelastung, unterfallen diese Schäden nicht dem Gewährleistungsrecht; es handelt sich vielmehr um klassische Haftpflichtschäden.

Die Abnahme

Ein weiterer zentraler Begriff des Werkvertragsrechts ist die Abnahme (§ 640 BGB). Die Abnahme ist als die „körperliche Entgegennahme", „verbunden mit der Anerkennung (Billigung) des Werks als in der Hauptsache vertragsgemäß" definiert (Palandt/Sprau, BGB, 74. Aufl. 2015). Die Abnahme wird in der Praxis oft vernachlässigt, ist in der rechtlichen Beurteilung aber ausschlaggebend. Ein Beispiel: Der Rohbau eines Einfamilienhauses wird im Februar begonnen, damit der Kunde noch vor Weihnachten einziehen kann. Nach der Fertigstellung des Rohbaus einschließlich Innenputz und Estrichverlegung zeigt die Sichtdecke im Dachgeschoss großflächig Feuchte und Schimmel, weil das eingebrachte Bauwasser nicht ordnungsgemäß abgelüftet wurde. In diesem Fall greifen die oben vorgestellten Gewährleistungsansprüche nicht, weil sich das Gebäude noch in der Bauphase befindet. Die Beseitigung der Feuchtigkeit und des Schimmels gehört noch zum originären Erfüllungsanspruch. Eine Nacherfüllungsfrist zu setzen, wäre falsch. Der Kunde kann aber die Abnahme des Gebäudes im Sinne des § 640 BGB verweigern, wenn ein solcher Schaden nicht fachgerecht beseitigt wird. In diesem Fall besteht zu seinen Gunsten die „Einrede des nicht erfüllten Vertrages" (§ 320 BGB). Der Kunde kann die Bezahlung eines angemessenen Teils des Werklohnes so lange zurückbehalten, bis das Gebäude abnahmefähig ist.

Gewährleistungsansprüche können allerdings auch vor der Abnahme entstehen. Das ist dann der Fall, wenn sich das Erfüllungsverhältnis in ein Abrechnungsverhältnis gewandelt hat. Auch zu dieser Frage sollte man anwaltlichen Rat einholen.

Laien können bauliche Mängel in den einzelnen Bauabschnitten kaum selbst feststellen. Hier ist es ratsam, sich rechtzeitig mit unabhängigen Bausachverständigen auf eine baubegleitende Qualitätskontrolle zu verständigen und Zwischenabnahmen vornehmen zu lassen. So können mögliche

Schäden rechtzeitig entdeckt und die Beseitigung/Nachbesserung veranlasst werden, bevor größere Folgeschäden entstehen.

→ TIPP

Eine unabhängige baubegleitende Qualitätskontrolle und Immobilienprüfung bieten zum Beispiel Sachverständige über den Bauherren-Schutzbund, den Verband Privater Bauherren (Adressen → Seite 215), über TÜV oder DEKRA.

Wenn bei der Abnahme selbst Mängel festgestellt werden, bedeutet das nicht in jedem Fall, dass das Werk nicht abnahmefähig ist. Denn bei kleineren Mängeln sieht der Gesetzgeber die Abnahme durchaus vor. In diesem Fall müssen die erkannten Mängel „vorbehalten" werden. Das heißt: Sie werden im Abnahmeprotokoll benannt. Versäumen Sie das als Besteller, verlieren Sie unter Umständen Ihre Gewährleistungsansprüche (§ 640 Abs. 2 BGB). Mit der Abnahme beginnt die Gewährleistungsfrist, die bei Bauwerken in der Regel fünf Jahre beträgt (§ 634 a Abs. 1 Nr. 2 BGB). Diese Frist beginnt, im Unterschied zu vielen anderen Verjährungsfristen, tagesgenau. Notieren Sie sich deshalb unbedingt das Datum der Abnahme. Weil sich an die Abnahme verschiedene Rechtsfolgen knüpfen, gilt auch hier: Holen Sie im Zweifelsfall besser rechtlichen Rat ein.

Erwerb gebrauchter Immobilien

Ist eine Immobilie nicht neu hergestellt (was im Einzelfall streitig sein kann), so unterfällt der Erwerb nicht dem Werkvertrags-, sondern dem Kaufrecht. Bei gebrauchten Gegenständen – seien es bewegliche Sachen, seien es Immobilien – kann die Gewährleistung im Erwerbsvertrag ausgeschlossen werden. Das ist in der Praxis häufig der Fall, obwohl es auch im Kaufrecht ähnliche Gewährleistungsansprüche wie im Werkvertrag gibt. Die Vertragsparteien einigen sich aber in der Regel, auf solche Ansprüche zu verzichten. Doch gerade beim Erwerb gebrauchter Immobilien ist es keine Seltenheit, dass sich oft erst in einem gewissen zeitlichen Abstand zum Erwerbsvorgang Feuchte- oder Schimmelschäden zeigen. In manchen Fällen hilft dann die Rechtsfigur der „arglistigen Täuschung" weiter, die im Wesentlichen auf obergerichtlicher Rechtsprechung beruht (zum Beispiel BGH, Urteil vom 27. 6. 2014 – V ZR 55/13; BGH, Urteil vom 15. 7. 2011 – V ZR 171/10 oder BGH, Urteil vom 12. 11. 2010 – V ZR 181/09). Voraussetzung eines solchen Anspruchs ist zunächst, dass ein gravierender Mangel vorhanden ist, der darüber hinaus für die Käuferin oder den Käufer nicht wahrnehmbar war. Sodann muss – anders als im Gewährleistungsrecht – die Frage eines Verschuldens geklärt werden. Dieses

Verschulden, in der Regel zumindest in Form eines bedingten Vorsatzes, muss der Verkäuferin oder dem Verkäufer in objektiver und in subjektiver Hinsicht nachgewiesen werden können. Entdecken Sie zum Beispiel einige Wochen nach dem Erwerb eines Hauses bei Renovierungsarbeiten unter der Deckenverkleidung massiv verschimmelte Balken, könnte sich daraus der Verdacht ergeben, dass die Deckenverkleidung nur deswegen angebracht wurde, um die Balken zu kaschieren. Das könnte ein erster Hinweis darauf sein, dass die Verkäuferin oder der Verkäufer die Situation kannte und Ihnen bewusst verschwiegen hat. Liegt eine solche Konstellation vor, sollten Sie sich unbedingt rechtlich beraten lassen. Die Bearbeitung anhand der obergerichtlichen Rechtsprechung ist kompliziert. Sie muss äußerst gründlich vorbereitet werden. Lassen sich Ansprüche durchsetzen, können Sie sich entweder die Sanierungskosten ersetzen lassen oder es kommt zu einer Rückabwicklung des gesamten Erwerbsvorgangs.

Wohnungseigentum

Wohnungseigentum ist eine komplexe rechtliche Angelegenheit. Wer eine Eigentumswohnung erwirbt, erwirbt tatsächlich einen Bruchteil des Eigentums an einem Grundstück, verbunden mit dem Recht zur alleinigen Nutzung einer Wohneinheit. Sofern die Wohnanlage neu ist, gelten die oben dargestellten Regelungen des Werkvertragsrechts (Gewährleistung). Wohnungseigentum kommt aber nie solitär vor. Es handelt sich immer um mehrere Wohneinheiten in einer Wohnanlage. Das Werkvertragsrecht allein hilft hier nicht weiter, weil das Wohnungseigentumsgesetz (WEG) zwingende Regelungen zum sogenannten Gemeinschafts- und Sondereigentum enthält.

> **GUT ZU WISSEN**
>
> **Nicht jede gebrauchte Immobilie ist wirklich gebraucht.** Zum Beispiel ist es denkbar, dass ein findiger Bauunternehmer eine Eigentumswohnung erst einmal an seinen Neffen verkauft, dieser auf Geheiß neun, 12 oder 15 Monate abwartet und die Wohnung dann „gebraucht“ unter Ausschluss der Gewährleistung weiterverkauft. In einem solchen Fall lässt sich trefflich darüber streiten, ob die Wohnung tatsächlich gebraucht ist und die Gewährleistung zu Recht ausgeschlossen wurde.

Bei Feuchte-/Schimmelschäden muss immer geklärt werden, wo sich die Mangelursache befindet und wer durch die Mangelfolge betroffen ist. Zeigt sich zum Beispiel Schimmel in einem Fußbodenaufbau, so liegt die Mangelfolge in der Regel im Gemeinschaftseigentum, die Mangelursache – zum Beispiel eine ausgelaufene Waschmaschine – aber möglicherweise im Sondereigentum. Bildet sich an einer Wandoberfläche Schimmel, weil über das Dach Wasser eintritt, liegt die Mangelursache hingegen im Gemeinschaftseigentum, die Mangelfolge tritt aber im Sondereigentum in Erscheinung.

Über sämtliche Ansprüche, die sich aus dem Gemeinschaftseigentum ergeben, muss in der Regel die Eigentümergemeinschaft befinden, nicht die Einzeleigentümerin oder der Einzeleigentümer. Zwar darf der einzelne Eigentümer das primäre Gewährleistungsrecht, also die Nacherfüllung, allein einfordern, auch wenn der Mangel im Gemeinschaftseigentum liegt. Denn jeder Miteigentümer hat einen eigenen Erwerbsvertrag, aus dem sich die werkvertraglichen Gewährleistungsrechte ergeben. Die Eigentümergemeinschaft kann im Beschlusswege dieses Recht aber an sich ziehen (BGH, Urteil vom 15. 1. 2010 – V ZR 80/09).

Das Gleiche gilt für die sogenannten sekundären Gewährleistungsrechte, zum Beispiel Schadensersatz wegen Nichterfüllung, Minderung oder Vorschussanforderung für die Ersatzvornahme, wenn ein Dritter den Mangel beseitigt. Die Rückabwicklung wiederum ist Sache des Einzeleigentümers (neuerdings, sofern diese nicht den Zielen der Wohnungseigentümergemeinschaft widerspricht).

Erwirbt jemand eine **gebrauchte Eigentumswohnung** (ob neu oder gebraucht, muss unter Umständen rechtlich geklärt werden), so wird im Erwerbsvertrag meist die Gewährleistung ausgeschlossen. Ein solcher Ausschluss ist zulässig. In seltenen Fällen kann allenfalls über Ansprüche gegen den Veräußerer aufgrund arglistiger Täuschung nachgedacht werden.

Eine Zwischenstufe stellt der Erwerb von **Wohnungseigentum in Sanierungsobjekten** dar. Auch in solchen Gebäuden ist Schimmelbefall möglich, zum Beispiel, wenn der Feuchtigkeitshaushalt des Gebäudes durch den Einbau moderner Fenster beeinflusst wurde. In diesen Fällen ist es wichtig, genau zwischen dem Bestand und den Neugewerken zu unterscheiden. Der Bundesgerichtshof hat mit Urteil vom 6. 10. 2005 – VII ZR 11/04 eine sehr differenzierte Betrachtungsweise zur teilweisen Anwendung des Kaufrechts (einschließlich der dort zulässigen Gewährleistungsausschlüsse) und teilweisen Anwendung des Werkvertragsrechts (bei dem Gewährleistungsausschlüsse jedenfalls in allgemeinen Geschäftsbedingungen so gut wie ausgeschlossen sind) dargestellt.

→ **TIPP**

Für Einzeleigentümer ist es schwer zu überblicken, welche Rechte ihnen zustehen. Um weder Streit mit der Eigentümergemeinschaft zu provozieren noch Ansprüche zu gefährden, ist es sinnvoll, sich frühzeitig rechtlich beraten zu lassen.

Sobald Sie als Wohnungseigentümerin oder -eigentümer einen Mangel bemerken, sollten Sie immer auch die Hausverwaltung informieren. Sofern Gemeinschaftseigentum betroffen ist, muss die Hausverwaltung dafür Sorge tragen, dass ein Beschluss gefasst wird, auf dessen Grundlage die Eigentümergemeinschaft selbst tätig wird. Das Risiko des Einzelnen in der Verfolgung von Ansprüchen verteilt sich so auf mehrere Schultern. Der eben genannte Beschluss ist in WEG-Angelegenheiten von ausschlaggebender Bedeutung: Die praktische Schwierigkeit liegt oft darin, Miteigentümer, die nicht direkt von einem Schaden betroffen sind, davon zu überzeugen, dass ein Schaden im Gemeinschaftseigentum alle Miteigentümer gleichermaßen angeht. Das ergibt sich unter anderem aus der gesetzlichen Instandhaltungspflicht für das Gemeinschaftseigentum (§ 16 Abs. 2 WEG). Gelingt diese Überzeugungsarbeit im Einvernehmen mit der Hausverwaltung nicht, so kann es passieren, dass Sie als Betroffene oder Betroffener Ihre Miteigentümer auf die Instandsetzung verklagen müssen. In einer Eigentümergemeinschaft ist das sehr unerfreulich.

Ebenso schwierig kann die Abarbeitung bei einem Versicherungsschaden sein. In der Regel ist die Gebäudeversicherung an die Wohnungseigentumsanlage gebunden, nicht an einen einzelnen Miteigentümer. Es gibt sogar die Konstellation, dass die Hausverwaltung als Versicherungsnehmerin auftritt, während die Wohnungseigentümergemeinschaft die „Versicherungsbegünstigte" darstellt. In diesen Fällen hält die Hausverwaltung die Gebäudeversicherung treuhänderisch für die Wohnungseigentümergemeinschaft. Auch hier ist es außerordentlich wichtig, einen Beschluss der Wohnungseigentümergemeinschaft herbeizuführen.

→ **TIPP**

Mehr Informationen zum Thema Mängel am Gemeinschaftseigentum finden Sie im Ratgeber „Lexikon Eigentumswohnung" der Verbraucherzentrale.

Möglicherweise beruht die Schimmelbildung weder auf einem Gewährleistungsmangel noch auf einem Versicherungsfall, sondern hat eine im Laufe der Jahre in der Gebäudesubstanz entstandene Ursache. Dann ist es wichtig zu klären, ob die Ursache im Gemeinschafts- oder im Sondereigentum liegt. Im ersten Fall sind die Miteigentümer gemeinschaftlich verpflichtet, den Mangel zu beseitigen (Instandhaltungspflicht, § 16 Abs. 2 WEG). Im zweiten Fall ist der Eigentümer der Gemeinschaft gegenüber verpflichtet (§ 14 WEG).

Bei einer **vermieteten Eigentumswohnung** gelten im Verhältnis zwischen Mieter und Eigentümer (in diesem Fall als Vermieter) dieselben Regeln wie im Abschnitt Mietrecht beschrieben. Die Mieterin oder der Mieter sollte in diesem Fall aber wissen, dass seine Vermieterin oder sein Vermieter möglicherweise nicht alleine handeln kann, sondern auf die Beschlüsse der Wohnungseigentümergemeinschaft angewiesen ist.

Versicherungsrecht

Eine typische Versicherungsangelegenheit sind Leitungswasserschäden. In der Folge kommt es fast immer zu Schimmelbildung, zumal die eigentliche Schadensstelle meist nicht einsehbar ist. Bei solchen Schäden sind in der Regel zwei Sachversicherungen relevant – die Gebäudeversicherung und die Hausratversicherung. Zunächst ist es wichtig, die Versicherungsverhältnisse richtig zuzuordnen. Eine Gebäudeversicherung wird in der Regel vom Eigentümer abgeschlossen. In Wohnungseigentumsanlagen kommt es jedoch oft vor, dass weder der Einzeleigentümer noch die Eigentümergemeinschaft Versicherungsnehmer ist. Stattdessen muss die Hausverwaltung gegenüber der Eigentümergemeinschaft (Versicherungsbegünstigte) den Versicherungsfall quasi treuhänderisch abwickeln. Eine Hausratversicherung wiederum wird in aller Regel von den Nutzenden, somit von den Mietenden, abgeschlossen.

Bei einem Schaden ist die Versicherungsnehmerin oder der Versicherungsnehmer verpflichtet, den Fall umgehend an seine Sachversicherung zu melden. Am besten per Einschreiben, damit sie oder er die Meldung im Streitfall nachweisen kann (→ Seite 129 f.). Ob die Ursache der Schimmelbildung tatsächlich zum Versicherungsumfang gehört, ist in manchen Fällen streitig. Hier empfiehlt es sich, nicht nur den Versicherungsschein, sondern auch die vertraglich vereinbarten allgemeinen Versicherungsbedingungen und, sofern vorliegend, die Deklaration zurate zu ziehen. So lässt sich klären, ob die Versicherung zuständig ist und gegebenenfalls Leistungsausschlüsse vorliegen.

Aus den besonderen Versicherungsvereinbarungen können sich aber auch Leistungseinschlüsse ergeben, die im Standardvertrag nicht versichert sind. Als Versicherungsnehmerin bzw. -nehmer sollten Sie also in jedem Fall den Versicherungsvertrag und die dazugehörigen besonderen und allgemeinen Versicherungsbedingungen sorgfältig lesen.

Im Schadensfall müssen Sie als Versicherungsnehmerin bzw. -nehmer bestimmte Obliegenheiten beachten. Wenn Sie diese verletzen, kann die Versicherung berechtigt sein, die Leistungen zu kürzen. Eine primäre Obliegenheit ist, die eigentliche Schadensursache zu beseitigen – also den irregulären Wasseraustritt zu unterbinden. Bitte dokumentieren Sie die Schadensursache vorher. Denn bei einem eventuellen Streit mit der Versicherung müssen Sie beweisen, dass ein Versicherungsfall vorliegt. Weitere Obliegenheiten sind in der Regel in den allgemeinen Versicherungsbedingungen genannt, die Vertragsgegenstand sind. Sie müssen deshalb zwingend beachtet werden.

Ob hingegen eine Obliegenheit besteht, nach der Beseitigung der eigentlichen Schadensursache für die technische Trocknung zu sorgen, lässt sich nicht eindeutig beantworten. Bei bestimmten Konstruktionsarten ist eine Trocknung nicht erfolgversprechend. Von der Versicherungsnehmerin oder vom Versicherungsnehmer kann aber kaum verlangt werden, dass sie oder er die fachlichen Kenntnisse hat, um hierüber zu entscheiden. Spätestens an diesem Punkt sollten Sie sich fachlich beraten lassen und eventuell auch die Versicherung fragen beziehungsweise um deren Weisung bitten. Dies schon deswegen, weil nach § 85 Abs. 2 VVG (Versicherungsvertragsgesetz) die Kosten für die Hinzuziehung eines Sachverständigen nur dann von der Versicherung getragen werden müssen, wenn sie selbst die entsprechende Weisung erteilt hat. Die Versicherungswirtschaft hat mittlerweile „Richtlinien zur Schimmelpilzsanierung nach Leitungswasserschaden" (VdS 3151) veröffentlicht, in denen ebenfalls die Hinzuziehung von Sachverständigen empfohlen wird. Sachverständige aus dem baubiologischen Bereich werden in der Regel den Leitfaden des Umweltbundesamtes berücksichtigen, der den allgemein anerkannten Stand der Technik wiedergibt.

GUT ZU WISSEN

Die Versicherung hat nach der Schadensmeldung in gewissen Fällen ein Weisungsrecht. Erteilt sie Ihnen Weisungen, müssen Sie diese zunächst beachten. Der Einwand von Versicherungen, dass der Schaden vorvertraglich entstanden sei, ist mittlerweile geklärt: Versicherungsrechtlich ist ein Wasserschaden dann entstanden, wenn er vom Versicherungsnehmer entdeckt wird (Bundesgerichtshof am 12.07.2017 (IV ZR 151/15)).

Wird für die Versicherung ein Regulierungsbeauftragter tätig, kann es bisweilen passieren, dass sich seine Einschätzungen und die Äußerungen bereits eingeschalteter Sanierungsunternehmen oder Sachverständiger widersprechen. Die rechtliche Bedeutung eines solchen Regulierungsbeauftragten hat das OLG Karlsruhe wie folgt beschrieben: „Schaltet der Versicherer in der Wohngebäudeversicherung einen Regulierungsbeauftragten ein, so wird dieser als ‚Helfer' des Versicherers tätig und nicht etwa als Berater des Versicherungsnehmers oder als unabhängiger Sachverständiger. Der Versicherer haftet daher in der Regel nicht, wenn der Versicherungsnehmer im Vertrauen auf fehlerhafte Feststellungen des Regulierungsbeauftragten einen Schaden nur unzulänglich beheben lässt." (OLG Karlsruhe, Urteil vom 26. 7. 2012 – 9 U 64/11). Die Rechtsprechung geht also davon aus, dass die oder der Versicherte von der Abhängigkeit des Regulierungsbeauftragten weiß und seine Aussagen entsprechend kritisch hinterfragt. Holen Sie sich Rat, falls es zu Problemen kommt. Überdies ist es wichtig, Äußerungen der Beteiligten zu dokumentieren. Falls die Versicherung selbst Firmen zur Sanierung vorstellt oder anbietet, müssen Sie solche Angebote nicht annehmen. In der Regel können Sie selbst entscheiden, wen Sie mit der Sanierung des Schadens beauftragen.

Schließlich sollten Sie sich gut überlegen, ob, wann und wie die Sanierung durchgeführt wird. Solange ein Schaden auf Grundlage von Sanierungsangeboten abgerechnet wird, haben Sie in der Regel nur Anspruch auf den sogenannten Zeitwertschaden, der erheblich niedriger als der tatsächliche Schaden sein kann. Der Anspruch auf Ersatz des sogenannten Neuwertschadens entsteht erst dann, wenn sichergestellt ist, dass die Ersatzleistung der Versicherung auch tatsächlich für die Sanierung verwendet wird. Dieser Anspruch verfällt, wenn die Sanierung nicht binnen drei Jahren nach dem Schaden durchgeführt wird. Den Anspruch auf Ersatz der Mehrwertsteuer können Sie nur dann geltend machen, wenn diese tatsächlich angefallen ist, in der Regel also durch Vorlage von Rechnungen nachgewiesen wird.

Ob und unter welchen Voraussetzungen einzelne weitere Ansprüche geltend gemacht werden können, ist oft strittig. Infrage kommen zum Beispiel Schutz- und Bewegungskosten: Das sind Kosten, die entstehen, wenn Einrichtungsgegenstände entfernt oder zum Beispiel durch Verpacken geschützt werden müssen, damit der Schaden am Gebäude selbst vernünftig bearbeitet werden kann. Auch hier gilt: Lassen Sie sich im Zweifel besser rechtlich beraten.

Bei einem Versicherungsfall sollten Sie außerdem prüfen, ob gegen weitere Personen Ansprüche geltend gemacht werden können. Tritt zum Beispiel Wasser aus einer mangelhaft verpressten Wasserleitung aus, so liegt in der Regel zwar ein klassischer Leitungswasserschaden vor. Gleichzeitig kann es sich aber auch um eine Gewährleistungsangelegenheit gegen einen Handwerksbetrieb handeln, möglicherweise verbunden mit einem eigenständigen Haftpflichtanspruch gegen diesen. In einem solchen Fall wird die Gebäudeversicherung zwar beim eigentlichen Verursacher Regress nehmen. Sie als Versicherungsnehmerin bzw. -nehmer haben aber auch die Obliegenheit, gegen den Handwerksbetrieb vorzugehen (§ 86 Abs. 2 VVG). Eine Verletzung dieser Obliegenheit kann unter Umständen dazu führen, dass die Gebäudeversicherung von ihrer Pflicht zur Ersatzleistung befreit wird, also nicht zahlen muss.

Schimmel am Arbeitsplatz

Bei Schimmel am Arbeitsplatz haben Arbeitnehmerinnen und -nehmer andere Möglichkeiten als in den zuvor beschriebenen Gebieten des Zivilrechts, um zu reagieren. In diesem Abschnitt folgen einige allgemeine Hinweise zum Arbeitsrecht, die aber weder in das Betriebsverfassungsrecht noch in gegebenenfalls bestehende tarifvertragliche Vereinbarungen eingreifen sollen.

Arbeitsverhältnisse beruhen auf dem Dienstvertragsrecht des BGB, §§ 611 ff. Aus § 618 Abs. 1 BGB ergibt sich eine „Pflicht zu Schutzmaßnahmen“ an der Arbeitsstätte. Das ist Ausdruck der arbeitsrechtlichen Fürsorgepflicht des Arbeitgebers. Konkreter ausgestaltet ist diese Fürsorgepflicht heute durch die Arbeitsstättenverordnung (ArbStättV). Sie verlangt in § 3 eine Gefährdungsbeurteilung durch den Arbeitgeber, dazu gehört explizit auch eine Beurteilung gesundheitlicher Gefährdungen. § 3 Abs. 2 ArbStättV verlangt sogar, dass sich der Arbeitgeber, falls er diese Beurteilung nicht selbst vornehmen kann, fachkundig beraten lassen muss.

In § 3 a ArbStättV Abs. 1 heißt es, dass Arbeitsstätten so eingerichtet und betrieben werden müssen, dass von ihnen keine Gefährdungen für die Sicherheit und die Gesundheit der Beschäftigten ausgehen. Die ArbStättV enthält noch weitere verbindliche Regelungen, unter anderem in § 4 Abs. 2 die Verpflichtung, Arbeitsstätten „den hygienischen Erfordernissen entsprechend“ zu reinigen, wobei „Verunreinigungen und Ablagerungen, die zu Gefährdungen führen können“, unverzüglich zu beseitigen sind.

Das Gesetz und die darauf beruhende Verordnung geben also vor, dass der hygienische Aspekt und eine potenzielle Gefährdungssituation zu beachten und die erforderlichen Maßnahmen zu ergreifen sind.

Arbeitnehmerinnen und -nehmer müssen nicht selbst aktiv werden und um einen sicheren Arbeitsplatz bitten. Ihre Arbeitgeber sind vielmehr verpflichtet, die Vorgaben von sich aus zu erfüllen. Eine Arbeitnehmerin kann aber, wenn sie Schimmel am Arbeitsplatz bemerkt, aktiv die Beseitigung verlangen. Kümmert sich der Arbeitgeber nicht darum, hat die Arbeitnehmerin das Recht, ihre Leistung zu verweigern. Bevor sie das tut, sollte sie sich aber sicherheitshalber rechtlich beraten lassen.

Schimmel in öffentlichen Einrichtungen

Menschen suchen aus unterschiedlichen Gründen öffentliche Einrichtungen auf. Es kann auf freiwilliger Basis geschehen, wie beim Besuch eines Hallenbades. Oder es ist zwingend, wie zum Beispiel der Schulbesuch. Ebenso kann es sein, dass der Besuch an sich zwar freiwillig ist, letztlich aber keine Alternative besteht. Ein Beispiel sind Kindergärten.

Grundsätzlich gilt für öffentliche Einrichtungen die Verkehrssicherungspflicht. Sie besagt, dass jeder, der einen öffentlichen Verkehr eröffnet, dafür Sorge tragen muss, dass niemand bei der Nutzung zu Schaden kommt. Dieses Instrument setzt aber voraus, dass tatsächlich ein Schaden entsteht.

Eltern müssten also nachweisen, dass ihr Kind durch den Schimmel im Klassenzimmer gesundheitliche Probleme hat. Zudem gilt für die öffentliche Hand das Haftungsprivileg des § 839 BGB. Es besagt, dass eine Haftung nur infrage kommt, wenn den jeweils Verantwortlichen Vorsatz oder zumindest grobe Fahrlässigkeit zum Vorwurf gemacht werden kann.

Mit Blick auf die Vorsorge ist deswegen eher der Gedanke der öffentlich-rechtlichen Fürsorgepflicht heranzuziehen. Nach diesem Grundsatz muss der Staat in dem Maße, in dem die Bürgerinnen und Bürger gezwungen sind, öffentliche Einrichtungen aufzusuchen, dafür Sorge tragen, dass diese hierbei keinen Gefährdungen ausgesetzt werden. Doch welche Handlungsmöglichkeiten ergeben sich daraus für den Bürger? Das ist schwer zu sagen. Zum einen geht es im Staatshaftungsrecht immer auch darum, auf welcher gesetzlichen Basis sich Bürger und Staat gegenüberstehen. Der Staat kann rein öffentlich-rechtlich, aber auch zivilrechtlich oder in Zwischenformen handeln. Zum anderen gilt bei öffentlichen Einrichtungen oft Landesrecht. Deshalb sind keine einheitlichen Aussagen möglich. Teilweise gelten landesrechtliche Regelungen, nach denen Schimmelbefall (beim Gesundheitsamt) meldepflichtig ist, teilweise beruhen entsprechende Empfehlungen auf dem Infektionsschutzgesetz. Für Kindertagesstätten wiederum gibt es landesrechtliche Ausführungsverordnungen, nach denen die Bausubstanz auch in hygienischer Hinsicht regelmäßig von Amts wegen kontrolliert werden muss. Eines gilt aber in jedem Fall: Wenn Sie Schimmel in einem öffentlichen Gebäude entdecken, sollten Sie dies dem jeweiligen Träger und/oder der zuständigen Behörde (in der Regel dem Gesundheitsamt) melden. Außerdem kann es helfen, den Kontakt zu weiteren Betroffenen zu suchen und sich gemeinsam für eine hygienische Sanierung einzusetzen.

Woran erkenne ich eine gute Rechtsanwältin oder einen guten Rechtsanwalt?

Die rechtliche Bearbeitung eines Schimmelschadens ist in vielen Fällen kompliziert. Beim Versuch, Ansprüche geltend zu machen, passieren leicht Fehler – mit gravierenden Folgen. Wer zum Beispiel versäumt, eine Mängelrüge auszusprechen, riskiert seine Gewährleistungsansprüche. Tritt ein Schimmelschaden auf, ist es deshalb sinnvoll, sich frühzeitig von einer fachkundigen Anwältin oder einem fachkundigen Anwalt beraten zu lassen. Es lohnt sich, etwas Zeit auf die Suche zu verwenden. Je genauer sich die Anwältin oder der Anwalt mit der Schimmelproblematik auskennt, desto besser kann sie oder er Ihren Fall einschätzen. Der Werbung sind bei Rechtsanwälten jedoch enge Grenzen gesetzt. Sie dürfen weder Referenzfälle angeben noch bestimmte Fähigkeiten herausstellen oder sich selbst anpreisen. Erlaubt sind lediglich Angaben zu Spezialisierungen, Fortbildungen und Mitgliedschaften. In der Regel stehen diese Informationen auf der Homepage der Anwältin oder des Anwalts. Ein weiteres Auswahlkriterium kann die Zugehörigkeit zu einer Fachanwaltschaft sein, zum Beispiel Fachanwaltschaft für Mietangelegenheiten, für Bau- und Architektenrecht oder für Versicherungsrecht.

Wie gut die Rechtsanwältin oder der Rechtsanwalt Ihre Interessen vertreten wird, zeigt sich oft schon beim Erstkontakt. An der Art, wie sie oder er fragt und Informationen aufnimmt, lässt sich erkennen, ob sie oder er Interesse an dem Fall und vertiefte Kenntnisse in der Bearbei-

→

tung hat. Für die sorgfältige Erfassung des Tatbestands sollte sich die Rechtsanwältin oder der Rechtsanwalt Zeit nehmen; oft kann die Erstbesprechung weit über eine Stunde dauern. Als Betroffene oder Betroffener schildern Sie zunächst den Fall, die Rechtsanwältin oder der Rechtsanwalt stellt dann so lange Fragen, bis der Tatbestand vollständig geklärt ist. Außerdem sollte sie oder er von Ihnen alle relevanten Schriftstücke anfordern, zum Beispiel Miet- oder Bauverträge, Versicherungsverträge mitsamt den allgemeinen Versicherungsbedingungen, vorhandene Privatgutachten und eventuell bereits vorhandene Korrespondenz mit der Gegenseite. Ihre anwaltliche Unterstützung sollte außerdem zeigen, dass sie oder er zur Zusammenarbeit mit anderen Expertinnen und Experten bereit ist. Ein Indiz dafür ist, wenn sie oder er sich Ihr Einverständnis geben lässt, den Fall mit den von Ihnen beauftragten Sachverständigen zu besprechen – und diese Möglichkeit auch nutzt.

Erst nachdem alle Informationen vorliegen und eventuelle Informationslücken nachträglich interdisziplinär geschlossen sind, kann der jeweilige Tatbestand rechtlich beurteilt werden. Die Anwältin oder der Anwalt sollte Sie dann ausführlich über die Chancen und Risiken Ihrer Angelegenheit informieren, damit Sie entscheiden können, ob und wie Sie weiter rechtlich vorgehen.

Checkliste für die Auswahl einer Rechtsanwältin oder eines Rechtsanwalts:

- → Ist die Anwältin oder der Anwalt auf das für mich wichtige Rechtsgebiet spezialisiert (zum Beispiel Baurecht)?
- → Nimmt sie oder er sich beim Erstkontakt ausreichend Zeit?
- → Habe ich den Eindruck, dass sie oder er sich für meinen Fall interessiert?
- → Fragt sie oder er gründlich nach?
- → Fordert sie oder er von mir alle relevanten Schriftstücke ein und erklärt mir, was sie oder er haben muss?
- → Ist die Anwältin oder der Anwalt zur Zusammenarbeit mit anderen Expertinnen und Experten bereit?
- → Fühle ich mich ausreichend über die Chancen und Risiken informiert, die mit der weiteren rechtlichen Verfolgung meiner Angelegenheiten einhergehen?

Schimmelbefall vermeiden

Sind Teile des Hauses erst einmal von Schimmel befallen, wird es schnell teuer. Selbst bei einem kleinen Schaden müssen die befallenen Tapeten entfernt und bewachsene Textilien entsorgt werden. Größere Schäden muss eine Fachfirma sanieren. Das geht ins Geld. Deshalb lohnt es sich, alles daran zu setzen, Schimmel zu vermeiden. Folgende Hinweise können Ihnen dabei helfen.

Die richtige Wohnungsnutzung

Schimmel braucht Feuchtigkeit. Durch richtiges Heizen und Lüften können Sie schon viel dafür tun, die Feuchtigkeit in den Wohnräumen und damit das Schimmelrisiko zu senken. Das ideale Raumklima – für Menschen wie für die Bausubstanz – liegt bei einer Temperatur von 18 bis 22 Grad Celsius (°C) und einer relativen Luftfeuchte von etwa 50 Prozent.

Sinkt diese unter 30 Prozent, kann die trockene Luft die Schleimhäute reizen. Ist sie regelmäßig höher, steigt die Gefahr der Schimmelbildung.

Empfehlungen für eine relative Luftfeuchte müssen immer zum Bauzustand passen: So bereiten in einem gut gedämmten Gebäude kurzzeitig 70 Prozent vielleicht keine Probleme, während bei schlechter Gebäudedämmung an kalten Tagen schon über 40 Prozent zu viel sein können. Es kommt daher darauf an, für die jeweilige Situation das ideale Verhältnis aus Raum-/Lufttemperatur und dem Feuchtegehalt der Luft zu finden. Die Kontrolle des eigenen Lüftungsverhaltens mithilfe von einfachen Thermohygrometern hilft, den richtigen Zeitpunkt zum Lüften zu finden und das Risiko der Schimmelbildung zu senken.

Wie lange gelüftet werden muss, hängt von der Belastung der Raumluft, der Luftfeuchte, der Jahreszeit, den Außentemperaturen, der Lage des Gebäudes und den Windverhältnissen ab. Was im Winter bei kalten Außentemperaturen oder Wind in 3 bis 5 Minuten Quer- oder Stoßlüftung mit weit geöffnetem Fenster erledigt ist, benötigt im Frühjahr und Herbst schon mal 15 bis 25 Minuten. Die Raumluft sollte, wenn möglich, drei- bis viermal täglich ausgetauscht werden. Das funktioniert auch im Winter bei Regen und Nebel. Wer den ganzen Tag abwesend ist, schafft dies zumindest morgens und abends. Ist auch das nicht möglich, kann eine Wohnungslüftungsanlage dafür sorgen, dass Feuchtigkeit und Schadstoffe verschwinden.

Nach dem Lüften kommt das Heizen. Da Kondenswasser an kalten Innenoberflächen von Außenwänden und Ecken entsteht, sollten alle Wohnräume in der Heizperiode zumindest tagsüber auf 16 °C oder mehr – je nach Bauzustand – beheizt werden. Wer die Heizung in einem Raum abdreht oder zu stark reduziert, riskiert, dass warme und damit feuchte Luft aus anderen Bereichen der Wohnung hineingelangt und dort die relative Luftfeuchte steigt. Das kann wiederum zu Schimmel führen.

Auch mit einer geschickten Möblierung kann einer Schimmelbildung vorgebeugt werden. Gerade an stark auskühlenden Außenwänden und Raumecken sollte die Heizungsluft vorbeiströmen können. Alles, was im Weg steht, kann die Zirkulation behindern. Daher gilt: Heizkörper nicht zustellen oder mit Vorhängen und Gardinen zuhängen und Möbel von den gefährdeten Wandbereichen abrücken.

Die wichtigsten Regeln zur Wohnungsnutzung im Überblick:

→ Wenn möglich morgens und abends 15 bis 30 Minuten mit weit geöffneten Fenstern lüften, idealerweise mit Durchzug (Querlüftung). Im Winter nur kurzzeitig lüften, maximal 5 bis 10 Minuten. Berufstätige sollten zumindest vor dem Verlassen der Wohnung und nach der Rückkehr lüften.
→ Ein Thermohygrometer hilft, den eigenen Lüftungsrhythmus zu finden. Kondensat an Fenstern oder den Fliesen im Bad abtrocknen.
→ Dauerlüftung durch gekippte Fenster in der kalten Jahreszeit vermeiden, denn dies sorgt für relativ wenig Luftaustausch und für erhöhte Heizenergieverluste. Kühlt sich der Fenstersturz ab, kann das außerdem zu Kondensat- und Schimmelbildung führen. Sonderfall Schlafzimmer: Je nach Belegung und Größe kommt es nachts in Schlafräumen zu einer erhöhten Feuchtigkeits-

belastung der Raumluft. Hier bei Bedarf das Fenster nachts auf Kipp stellen (Spaltlüftung). Tagsüber wieder schließen und wie die anderen Räume auf mindestens 16–18 °C heizen.

- → Nach dem Kochen, Duschen oder Baden die entstandene Feuchtigkeit sofort nach draußen lüften und nicht in andere Räume leiten.
- → Auf Luftbefeuchter verzichten.
- → Stehen in der Wohnung offene Aquarien, viele Pflanzen oder muss dort die Wäsche getrocknet werden, dann ist auch häufigeres Lüften erforderlich.
- → Souterrainwohnungen und Kellerräume im Sommer, wenn möglich nur dann lüften, wenn die Außenluft weniger Wasserdampf enthält als die Innenluft. Das ist oft nachts oder in den Morgen- oder Abendstunden der Fall. Andernfalls besteht die Gefahr, dass die warme Luft an den kalten Wänden kondensiert. Keine Kellerräume zum Wohnen nutzen, wenn sie dafür nicht konzipiert sind und nicht ausreichend geheizt und gelüftet werden können. Meist sind für diese Räume Wohnungslüftungsanlagen erforderlich.
- → In der kalten Jahreszeit sollte die relative Luftfeuchtigkeit nicht mehr als 50 Prozent betragen.
- → Heizkörper während der Lüftungszeit herunterdrehen.
- → Temperaturunterschiede von mehr als 5 °C innerhalb der Wohnung vermeiden und Türen zu weniger beheizten Räumen schließen.
- → Im Winter sollten größere Temperaturschwankungen vermieden werden. Deshalb gilt: Auch bei kurzer Abwesenheit besser nicht die Heizung abstellen, sondern nur herunterdrehen und Räume nicht auskühlen lassen. Die Nachtabsenkung der Heizung an die Bausubstanz anpassen und die Bauteiloberflächen nicht so weit auskühlen lassen, dass dort Feuchtigkeit kondensiert.

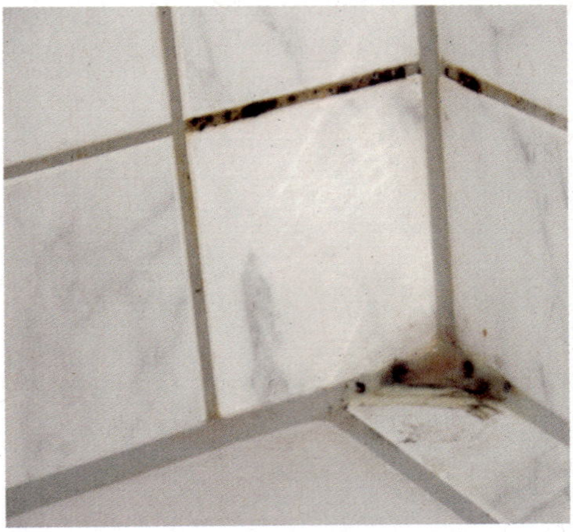

Abb. 1: Auch mangelnde Hygiene kann zu Schimmelbildung führen

- Heizkörper nicht durch Vorhänge, Gardinen, Abdeckungen und Möbel behindern.
- Möbel sollten möglichst nicht vor schlecht gedämmten Außenwänden platziert werden.
- Bei Möbeln in Zimmern über unbeheizten Räumen (Tiefgarage, Keller) für ausreichend Abstand zum Boden sorgen, damit die Luft zirkulieren kann.
- Bei Neubauten wegen der Neubaufeuchte häufiger lüften, in den ersten Monaten mehr heizen und möglichst keine Möbel vor die Wände stellen – oder zumindest für ausreichend Luftzirkulation dahinter sorgen.
- Organische Ablagerungen und Verschmutzungen an Wandoberflächen sowie anderen Gegenständen können Schimmelwachstum fördern. Deshalb ist es wichtig, die Wohnräume regelmäßig zu reinigen.

Bauliche Maßnahmen

Vor größeren Umbauten sind eine fachkundige Prüfung und Beurteilung immens wichtig, um spätere Schäden zu vermeiden. Denn immer wieder kommt es erst nach einem Umbau zu Problemen. Ein typisches Beispiel sind neue, dichtschließende Fenster. Sind die Maßnahmen zur energetischen Sanierung nicht aufeinander abgestimmt und die neue Lüftungssituation nicht mitgeplant, entstehen schnell Feuchte-/Schimmelschäden. Schimmelbildung ist aber kein Problem, das nur im Altbau auftaucht. Auch viele Neubauten sind heute mit Schimmel belastet. Eine immer schneller werdende Bauweise und verkürzte Einzugszeiten verschärfen diese Problematik.

Die Bauphase

In der Bauphase eines neuen Gebäudes lässt sich einiges dafür tun, Feuchtigkeit zu reduzieren und Schimmel vorzubeugen.

- Bereits bei der Planung eines Neubaus oder eines größeren Umbaus sollte darauf geachtet werden, dass alle Bauteile und Materialien vor Witterungseinflüssen geschützt werden. Sonst besteht die Gefahr, dass sie durchnässen und sich Schimmel bildet. Für die fachgerechte Lagerung der Baustoffe an der Baustelle sind die Auftragnehmenden, also die ausführenden Unternehmen, zuständig. Feuchte oder bereits mit Schimmel belastete Baustoffe dürfen nicht eingebaut werden. Nähere Informationen hierzu stehen in den Angaben der jeweiligen Hersteller.
- Während der Bauphase muss der Neubau ausreichend gelüftet werden. Ist das zum Beispiel wegen der niedrigen

Außentemperaturen nicht möglich, sollte eine auf das Raumvolumen und auf das Feuchtigkeitsaufkommen abgestimmte technische Trocknung vorgenommen werden.

→ Im ausgebauten und beheizten Dachgeschoss dürfen Oberflächen (Dachunterdeckplatten, Gipskartonplatten etc.) durch die Lüftung nicht so stark auskühlen, dass Kondensat an den Platten und Balken entsteht oder in die Dachkonstruktion gelangen kann.

→ Bei Innenputzarbeiten ist darauf zu achten, dass zum Beispiel die Bodeneinschubtreppe und Öffnungen für Installationen zum nicht ausgebauten, ungedämmten und/oder unbeheizten Dachgeschoss sorgfältig abgeklebt werden, damit keine Baufeuchte eindringen kann.

Es ist ratsam, schon bei der Auftragsvergabe einen Lüftungsplan zur Hand zu haben und die Verantwortlichen für die Lüftung zu benennen. Das sind meist die Gewerke der Verputzenden oder Estrichlegenden, da diese nach dem Einbau der Fenster die meiste Feuchtigkeit in das Gebäude einbringen. Keinesfalls sollten die Auftraggebenden die Verantwortung für die Lüftung übernehmen. Sonst kann es bei eventuellen späteren Haftungsfragen schwierig werden, die Verursachenden von Feuchteschäden festzustellen.

GUT ZU WISSEN

Die **Bewertung von Angeboten und Leistungsverzeichnissen** gehört in die Hände mit dem notwendigen Sachverstand und somit in der Regel von Planenden und Sachverständigen. Nur sie haben die notwendige Erfahrung mit dem Bauablauf, der Baukoordination und -technik und der baubegleitenden Qualitätskontrolle. So lassen sich bereits im Vorfeld viele Unstimmigkeiten, eventuelle Mängel und daraus resultierende Streitigkeiten vermeiden. Die Kosten für eine unabhängige, baubegleitende Qualitätskontrolle werden meist durch eine verbesserte Bauleistung wieder eingespart.

Die Qualität der Baustoffe

Mit der Wahl der passenden Materialien und Baustoffe können Sie für ein angenehmes Wohnklima und damit für mehr Wohlbefinden sorgen. Alle verwendeten Materialien und Baustoffe sollten möglichst frei von Schadstoffen und geruchsneutral sein. Positiv wirken sich hygroskopisch diffusionsoffene Materialien und Baustoffe aus, die in der Lage sind, Wasserdampf aus der Raumluft aufzunehmen (zu puffern) und wieder abzugeben. Durch diese Eigenschaften unterstützen sie die Regulation des Raumklimas. Im Innenbereich empfehlen sich Putze auf Kalkbasis und Anstriche auf Silikatbasis.

Allerdings nutzt ein diffusionsoffener Baustoff wenig, wenn ihm nicht durch ausreichendes Heizen und Lüften die Möglichkeit gegeben wird, die aufgenommene Feuchtigkeit wieder abzugeben. Eine feuchte Wand reduziert die Wärmedämmeigenschaften erheblich und kühlt noch schneller aus, wodurch die Gefahr der Kondensfeuchtebildung steigt.

Wärmedämmung reduziert Schimmelgefahr

Wird eine Wärmedämmung aus Polystyrol, Mineralwolle oder Holzfaser ordnungsgemäß an Gebäuden angebracht, reduziert sich der Tauwasserausfall im Wandaufbau und auf der Innenwandoberfläche der Außenwände. Rechnerisch lässt sich ermitteln, dass bei einem massiv errichteten Altbau ab einer Dämmschichtdicke von rund 100 Millimetern (mm) kein Tauwasser ausfällt (die übliche Dämmdicke gemäß Gebäudeenergiegesetz beträgt je nach vorhandener Bausubstanz rund 140 bis 180 mm). Die Gefahr von Gebäudeschäden durch Schimmelbildung wird so deutlich reduziert. Eine unzureichende Wärmedämmung beziehungsweise eine zu geringe Wandoberflächentemperatur führt hingegen zu Schäden durch Kondensationsfeuchte.

Schimmel bildet sich vorwiegend auf der Innenseite von schlecht gedämmten Außenwänden. Das gilt insbesondere dann, wenn vor diesen Wänden große Möbel wie Schränke, Regale oder Betten stehen. Sie behindern die Luftzirkulation und damit die gleichmäßige Temperierung der Wandoberfläche. Dadurch weist die Außenwandoberfläche hinter Möbeln eine viel geringere Oberflächentemperatur auf als die Raumluft. Die Temperatur kann zum Beispiel hinter einem Kleiderschrank, der wie eine massive Innendämmung wirkt, auf unter 0 °C abfallen. In der Folge kondensiert die wärmere Raumluft an der untertemperierten Außenwand, was zu Schimmelbildung führt. Auch ein Abstand von 5 bis 10 Zentimetern der Möbel zur Außenwand löst das Problem in aller Regel nicht.

Steht ein eingeräumter Kleiderschrank an der Außenwand, kann sich dies erheblich auf die Tauwassersituation auswirken. Schon bei der Annahme folgender Parameter – Innentemperatur 20 °C, relative Luftfeuchte 50 Prozent, Außentemperatur –10 °C – fällt bei einem schlecht gedämmten Altbau in der Ebene zwischen der im Schrank abgelegten Kleidung und der Schrankrückwand Tauwasser aus. Die Temperatur der Außenwand sinkt durch die wärmedämmende Wirkung des Kleiderschrankes so stark ab, dass es im Kleiderschrank bis unter 0 °C kalt wird. Durch den Tauwasserausfall ist eine Schimmelbildung wahrscheinlich (→ Seite 61 ff.).

Ähnlich verhält es sich bei einer ungedämmten Außenwand mit rückseitig angrenzendem Erdreich. Auch hier ist oftmals die Wandoberfläche so kalt, dass die wärmere Raumluft auf der Oberfläche kondensiert. Das lässt sich oft beobachten, wenn als Keller geplante Räume nachträglich zum Wohnen genutzt werden.

Wärmebrücken vermeiden

Gemäß des aktuellen Gebäudeenergiegesetzes sollen Gebäudekonstruktionen so ausgeführt werden, dass sich konstruktive Wärmebrücken möglichst wenig auf den Heizenergieverbrauch auswirken. Wärmebrücken sind bei der Planung zu vermeiden oder so zu planen, dass die Innenoberflächentemperatur im kritischen Bereich mindestens 12,6 °C aufweist (DIN 4108-2 „Wärmeschutz und Energie-Einsparung in Gebäuden – Teil 2: Mindestanforderungen an den Wärmeschutz" (2013)). Die durch Wärmebrücken entstehenden Energieverluste müssen bei der Ermittlung des Jahresheizwärmebedarfs ebenfalls berücksichtigt werden.

Der Einfluss von Wärmebrücken muss aber nicht nur bei der Planung von Neubauten untersucht werden, sondern auch bei der Begutachtung im Schadensfall. Durch die erfassten Temperaturparameter an Wärmebrücken lassen sich die Isothermen berechnen (→ Seite 70). Auf Grundlage des Isothermenverlaufs können Temperaturunterschiede und Wärmeströme im Bauteil ermittelt und optisch dargestellt werden.

> **GUT ZU WISSEN**
>
> **Wärmebrücken und Leckagen** können in der kalten Jahreszeit über eine Wärmebildkamera sichtbar gemacht und farbig dargestellt werden (→ Seite 111).

Luftdichtheit des Gebäudes

Gemäß des Gebäudeenergiegesetzes müssen neue Gebäude so gebaut werden, dass die wärmeübertragende Umfassungsfläche (gemeint ist alles, was den Innenraum nach außen abgrenzt) einschließlich der Fugen nach den allgemein anerkannten Regeln der Technik dauerhaft luftundurchlässig abgedichtet ist. Der zum Zwecke der Gesundheit und Beheizung erforderliche Mindestluftwechsel muss dennoch sichergestellt sein. Die Luftdichtheit der Umfassungsfläche ist wichtig, da es zum Beispiel durch Leckagen wie offene Fugen oder eine nicht fachgerecht verarbeitete Dampfsperre zu einem unkontrollierten Luftaustausch kommt. Dieser unkontrollierte Austausch kann dazu führen, dass dort, wo die feuchtere, warme Raumluft auf die kalte Außenluft trifft, Kondensat entsteht.

Viele Bauschäden sind auf eine undichte Gebäudehülle zurückzuführen. Diese Leckagen verursachen zwangsläufig auch einen höheren Energieverbrauch. Die erforderliche Luftdichtheit der Gebäudehülle (Fensteranschlüsse, Rollladenkästen, Durchdringungen, Dach und Ähnliches) kann mit einem Luftdichtheitstest überprüft werden (→ Seite 113). Für dieses Verfahren wird ein Gebläse meist in den Rahmen der Haustür eingebaut, um im Gebäude eine Druckdifferenz zur Außenluft zu erzeugen. So werden Winddruck oder Windsog simuliert. Am Gerät lässt sich die Undichtheit der Gebäudehülle (der Luftverlust) messen. Über zusätzlich im Gebäude erzeugten künstlichen Nebel werden die Leckagen sichtbar.

Lüftungskonzept

Für die Nutzung von Wohnungen ist eine ausreichende Lüftung erforderlich.

Immer wenn ein Gebäude neu erstellt oder energetisch lüftungsentscheidend verändert wird, muss ein Lüftungskonzept erstellt werden. Das heißt: Im Vorfeld muss die neue Lüftungssituation geprüft werden und gegebenenfalls entsprechende Technik zur Sicherstellung eines Mindestluftwechsels eingeplant werden. Für bestehende Gebäude gilt dies, wenn

- → im Mehrfamilienhaus mehr als ein Drittel der vorhandenen Fenster der Wohneinheit ausgetauscht werden und
- → im Einfamilienhaus mehr als ein Drittel der vorhandenen Fenster ausgetauscht oder mehr als ein Drittel der Dachfläche abgedichtet werden.

So beschreibt es die DIN 1946-6 Lüftung von Wohnungen – Allgemeine Anforderungen, Anforderungen an die Auslegung, Ausführung, Inbetriebnahme und Übergabe sowie Instandhaltung aus dem Jahr 2019.

Bei Gebäuden, die über eine zentrale Lüftungsanlage oder dezentrale Lüftungen verfügen, sind diese so zu planen, dass die entstehende Feuchte ausreichend abgeführt und eine Frischluftzufuhr gewährleistet wird. In der Regel lassen sich bei Lüftungsanlagen Lüftungsdauer und Leistung, Nachlaufzeit, Luftstrom und anderes einstellen. Häufig wird eine Sensorsteuerung empfohlen. Nur wenn die Anlagen auf die Nutzung einreguliert sind und die Benutzer eine Einweisung und Bedienungsanleitung erhalten, können diese funktionieren. Lüftungsanlagen müssen regelmäßig gewartet und gereinigt werden (→ Seite 84 ff.).

HINTERGRUND

Die DIN 1946-6 (2019-12) gilt für die freie und für eine durch Ventilatoren gestützte Lüftung von Wohnungen und gleichartig genutzten Raumgruppen (Nutzungseinheiten).

In dieser Norm ist der nutzungsunabhängige Luftwechsel zum Feuchteschutz geregelt. Ebenso sind Planungsvorgaben für den hygienischen Luftwechsel festgelegt. Das Gebäude oder die Wohnung muss einen Mindestluftwechsel zum Feuchteschutz sicherstellen. Reicht der vorhandene Luftaustausch durch Leckagen (Infiltrationsluftwechsel) dazu nicht aus, müssen geeignete lüftungstechnische Maßnahmen geplant werden.

Mit einem Lüftungskonzept kann der Nachweis erfolgen, ob eine Mindestlüftung zum Feuchteschutz vorhanden ist, wie diese erzielt werden kann oder weitergehende vereinbarte Lüftungsqualitäten (Lüftungsstufen) für unterschiedliche Nutzungsbedingungen sichergestellt werden können.

1. Lüftung zum Feuchteschutz

Eine notwendige Grundlüftung zur Vermeidung von Feuchteschäden auch bei längerer Abwesenheit und Leerstand. Sie ist je nach Wohnfläche abhängig vom Wärmeschutzstandard des Gebäudes sowie der Belegung der Wohneinheit und der Lage im Gebäude.

2. Reduzierte Lüftung

Ein über die Grundlüftung hinausgehender Luftaustausch zur Sicherstellung der hygienischen Mindestanforderungen sowie des Bautenschutzes. Er kann die Abfuhr von Schadstoffen und CO_2 aus der Raumluft sowie den Feuchteschutz, unter üblichen Nutzungsbedingungen gewährleisten und funktioniert auch bei zeitweiliger Abwesenheit der Nutzenden.

3. Nennlüftung

Zusätzlich zur normalen aktiven Fensterlüftung soll die Abfuhr von Schadstoffen und CO_2 sichergestellt werden, um einen hygienischen Mindeststandard sowie den Schutz vor Bauschäden zu gewährleisten.

4. Intensivlüftung

Zusätzlich zur normalen aktiven Fensterlüftung sollen zeitweise hohe Schadstoffanteile oder Feuchtigkeit in der Raumluft, beispielsweise durch viele Personen oder durch Kochen und Waschen mit erhöhtem Luftvolumenstrom, sicher abgeführt werden können (Abbau von Lastspitzen). Reicht die Luftzufuhr nicht aus, um einen Feuchteschutz sicherzustellen, müssen die Planenden insbesondere bei der „Lüftung zum Feuchteschutz“ lüftungstechnische Maßnahmen fordern. Bei erhöhten Anforderungen an die Energieeffizienz,

→

den Schallschutz und die Raumluftqualität wird immer der Einbau von geeigneten lüftungstechnischen Maßnahmen erforderlich sein. Ein Lüftungskonzept kann von jeder Fachkraft erstellt werden, die sich mit der Planung, der Ausführung oder der Instandhaltung von lüftungstechnischen Anlagen oder mit der Planung und Modernisierung von Gebäuden beschäftigt.

→ TIPP

Ob für Ihr Gebäude nach einer Sanierung ein Lüftungskonzept erforderlich ist, können Sie zum Beispiel mit einem „OnlineCheck Wohnungslüftung" auf der Internetseite Wirtschaftsvereinigung GEBÄUDE und ENERGIE (VdZ) überprüfen: **www.onlinecheck-wohnungslueftung.de**. Beispiele und Empfehlungen für die technische Unterstützung durch Wohnungslüftungsanlagen finden Sie in der Broschüre des Umweltbundesamtes: „Anforderungen an Lüftungskonzeptionen in Gebäuden – Teil 2: Wohngebäude"
www.umweltbundesamt.de
(Suchwort: Lüftungskonzeptionen Wohngebäude)

Richtig umbauen

Bei größeren Umbauten wie dem Austausch der Fenster oder der Heizungsanlage, dem Anbringen einer Innendämmung oder der Umnutzung von Räumen muss darauf geachtet werden, dass sich die Temperatur-/Feuchteverhältnisse im Bauwerk nicht entscheidend ändern und es in der Folge zu einem Feuchte-/Schimmelschaden kommt. Beauftragen Sie am besten schon vor Beginn der Umbauten Sachverständige mit einer bauphysikalischen Prüfung der Auswirkungen.

Vor allem der Austausch von Fenstern führt häufig zu Schimmelbildung, wenn nicht gleichzeitig auch die Wände gedämmt werden. Bei alten Fenstern führten die Undichtheiten meist zu einem ausreichenden Luftwechsel, allerdings auch zu erhöhten Heizkosten. Durch den Einbau der neuen Fenster wird der Luftwechsel stark reduziert, sodass mehr Luftfeuchte im Raum bleibt. Sind die Wände unzureichend gedämmt und wird nicht genügend geheizt und gelüftet, kondensiert diese nun an der kalten Außenwand (meist im Eckbereich), was zu Schimmelbildung führen kann (→ Seite 74 f.).

Eine bauphysikalische Berechnung ist auch vor dem Anbringen einer Innenwanddämmung, vor der Dämmung der Dachkonstruktion und unter Umständen bei Trockenbaumaßnahmen erforderlich. Anhand der Berechnungen lässt sich feststellen, ob eine Innendämmung mit Dampfsperre, mit Dampfbremse oder eine kapillaraktive Innendämmung eingebaut werden sollte. Auch die erforderliche Dämmdicke muss berechnet werden (→ Seite 76 ff.). Denn bei Innendämmungen gilt nicht: Mehr ist besser. Die Dämmdicke muss stattdessen optimal auf das Gebäude abgestimmt sein. Eine zu dicke Dämmschicht und eine nicht auf das Gebäude abgestimmte Innendämmung können zur Auskühlung des Wandbildners (→ Seite 76 ff.) und in der Folge zum Beispiel zu Putzschäden an der Fassade führen. Außerdem ist es möglich, dass der Taupunkt hinter die Dämmung verlagert wird, was ebenfalls zu baulichen Schäden führen kann.

Bei der Umnutzung von Räumen kommt es vor allem in älteren Gebäuden häufig zu Feuchteproblemen. Das gilt insbesondere dann, wenn ein ursprünglich als Kellerraum konzipierter Raum in einen Wohnraum umgewandelt wird. In älteren Gebäuden wurden die Kellerräume als Lagerräume konzipiert, daher fehlt oft eine Dämmung. Wände und Fußboden sind nicht ausreichend abgedichtet. Eine nachträgliche Innendämmung der Außenwände verbessert die Situation häufig nicht dauerhaft.

Baumängel beheben

Vorhandene Baumängel wie Undichtheiten am Dach müssen sofort behoben werden, um Folgeschäden zu vermeiden.

Abb. 2: Schimmelbildung durch Möblierung vor der Außendämmung

Abb. 3: Schimmelbildung auf der Kelleraußenwand

Aber auch Leckagen an der Dachrinne oder am Ablaufrohr können schwerwiegende Schäden am Gebäude verursachen, da das Wasser bei Niederschlag häufig über die Fassade abläuft und dadurch der Putz durchfeuchtet wird. Sammelt sich Wasser im Sockelbereich, können Putz und Mauerwerk beschädigt werden, und es kann zu Feuchteschäden im Wohnraum kommen. Ebenso können Risse in der Fassade, Undichtheiten im Bereich der Fensterbänke oder an Durchdringungen der Wand zu Feuchteschäden im Wohnraum führen. Grundsätzlich gilt: Regelmäßige Kontrolle und Wartung hilft. Je schneller ein Schaden behoben wird, desto geringer sind die Folgen für das Bauwerk und die Kosten der Sanierung.

Anhang

→ Leitfäden und Literatur

→ Adressen

→ Stichwortverzeichnis

→ Bildnachweis

→ Impressum

Leitfäden und Literatur

Die folgende Übersicht gibt Ihnen eine Einschätzung über den Stellenwert der in Prüfberichten oder Gutachten zitierten Fachliteratur. Es handelt sich dabei um eine Auswahl.

WHO, Guidelines for indoor air quality: dampness and mould 2009
WHO-Leitlinien zur Innenraumluftqualität: Feuchtigkeit und Schimmel
(englische Originalversion abrufbar unter www.who.int/publications/i/item/9789289041683;
deutsche Kurzfassung abrufbar unter https://intranet.euro.who.int/__data/assets/pdf_file/0020/43328/E92645sumG.pdf)
Die Leitlinien enthalten Aussagen zum Schutz der öffentlichen Gesundheit vor Risiken durch Feuchtigkeit und Schimmel. Sie wurden nach umfassender Bewertung der wissenschaftlichen Erkenntnisstände von einer multidisziplinären Expertengruppe erstellt.

Umweltbundesamt, Leitfaden zur Vorbeugung, Erfassung und Sanierung von Schimmelbefall in Gebäuden, 2017
www.umweltbundesamt.de/schimmelleitfaden
Der Schimmelleitfaden wurde durch die Innenraumlufthygienekommission (IRK) am Umweltbundesamt (UBA) mit externen Expertinnen und Experten erstellt. Er richtet sich in erster Linie an die bei der Erfassung und Beseitigung von Schimmelschäden beteiligten Fachkreise als Wissensgrundlage und Anwendungshilfe. Aber auch betroffene Bewohnerinnen und Bewohner finden wertvolle Tipps und Hinweise zum Umgang mit Schimmel. Der Leitfaden gibt Empfehlungen zur gesundheitlichen Bewertung der Schimmelpilzbelastungen aus hygienischer Sicht. In Deutschland ist der Leitfaden als gegenwärtiger Stand des Wissens anerkannt.

DGUV Information 201-028 – Gesundheitsgefährdungen durch Biostoffe bei der Schimmelpilzsanierung 2022.11
Diese Handlungsanleitung dient als Hilfe zur Ermittlung und Beurteilung der Gefährdungen bei Gebäudesanierungsarbeiten mit Kontamination durch biologische Arbeitsstoffe. Sie dient insbesondere der Auswahl geeigneter Schutzmaßnahmen unter Be-

rücksichtigung der Biostoffverordnung (BioStoffV).

DIN ISO 16000: Innenraumluftverunreinigungen, Teile 16-21

- → Teil 16: Nachweis und Zählung von Schimmelpilzen – Probenahme durch Filtration,
- → Teil 17: Nachweis und Zählung von Schimmelpilzen – Kultivierungsverfahren,
- → Teil 18: Nachweis und Zählung von Schimmelpilzen – Probenahme durch Impaktion,
- → Teil 19: Probenahmestrategie für Schimmelpilze,
- → Teil 20: Nachweis und Zählung von Schimmelpilzen – Bestimmung der Gesamtsporenanzahl,
- → Teil 21: 16000-21: (2012): Probenahme von Materialien

Die angegebenen DIN ISO Normen beschäftigen sich mit der Bestimmung von Schimmelpilzen. Damit erfolgt eine Standardisierung des Nachweises von Schimmelpilzen.

Folgende Richtlinien haben ebenfalls große Bedeutung:

- → **DIN 4108-2: Mindestanforderungen an den Wärmeschutz:** Regelt den trotz des Gebäudeenergiegesetzes (GEG) immer noch gültigen Mindestwärmeschutz von Bauteilen sowie den sommerlichen Wärmeschutz (aktuelle Ausgabe 2013-02).
- → **DIN/TS 4108-T8 (2022-09):** Wärmeschutz und Energie-Einsparung in Gebäuden – Teil 8: Vermeidung von Schimmelwachstum in Wohngebäuden
- → **DIN 1946-6: (2019-12): Raumlufttechnik– Teil 6:** Lüftung von Wohnungen – Allgemeine Anforderungen, Anforderungen an die Auslegung, Ausführung, Inbetriebnahme und Übergabe sowie Instandhaltung
- → **VDI/GVSS 6202 Blatt 1 (2013-1):** Schadstoffbelastete bauliche und technische Anlagen – Abbruch-, Sanierungs- und Instandhaltungsarbeiten
- → **VDI 2066 Blatt 1, (2021-05):** Messen von Partikeln – Staubmessung in strömenden Gasen – Gravimetrische Bestimmung der Staubbeladung

Technische Arbeitsgemeinschaft für Bauwerkserhaltung und Denkmalpflege (WTA) e.V.:

- → **Merkblatt 6-4 (2016-10):** Innendämmung nach WTA I: Planungsleitfaden
- → **Merkblatt 6-5 (2014-4):** Innendämmung nach WTA II: Nachweis von Innendämmsystemen mittels numerischer Berechnungsverfahren
- → **Merkblatt 8-5 (2018-4):**
- → Fachwerkinstandsetzung nach WTA V: Innendämmungen

Weitere Literatur

Auch einzelne Fachverbände und Interessengruppierungen haben sich zum Thema Schimmel geäußert:

- Berufsverband Deutscher Baubiologen VDB e. V., Gelbdruck 2022 Jesteburg, Juni 2022 VDB-Leitfaden zur Beurteilung und Sanierung von Fäkalschäden in Gebäuden, abrufbar unter https://baubiologie.net/media/faekalleitfaden_ gelbdruck_220620_02.pdf
- VdS 3150 (2018-03): Richtlinien zur Leitungswasserschaden-Sanierung (zu finden unter https://shop.vds.de)
- Eine Empfehlung des Bundesverbandes öffentlich bestellter und vereidigter sowie qualifizierter Sachverständiger e.V. b.v.s. / Netzwerk Schimmel e.V. (2022-06): Richtlinie zum sachgerechten Umgang mit Schimmelpilzschäden in Gebäuden Erkennen, Bewerten und Instandsetzen (zu finden unter https://www.bvs-ev.de)
- Landesfachverband Schreinerhandwerk Baden-Württemberg: Schimmelpilze hinter Möbeln – eine Praxishilfe zur Vermeidung
- Gesellschaft für Hygiene, Umweltmedizin und Präventivmedizin (GHUP): Schimmelpilz-Leitlinie „Medizinisch-klinische Diagnostik bei Schimmelpilzexposition in Innenräumen“, AWMF-Register-Nr. 161/00 liegt seit August 2023 vor und ist zu finden im AWMF-Leitlinien-Register: https://register.awmf.org/de/start. In der Leitlinie wird der derzeitige Stand des Wissens zum Gesundheitsrisiko durch Schimmelpilze zusammengefasst. Zudem werden Empfehlungen zur medizinischen Diagnostik gegeben.
- Bekanntmachung des Robert Koch-Instituts: Anforderungen an die Infektionsprävention bei der medizinischen Versorgung von immunsupprimierten Patienten. Empfehlung der Kommission für Krankenhaushygiene und Infektionsprävention (KRINKO) beim Robert Koch-Institut: Bundesgesundheitsbl 2021, 64:232–264 Umweltbundesamt (2020-09) Anforderungen Lüftungskonzeptionen – Teil 2: Wohngebäude (zu finden unter www.umweltbundesamt.de)

Adressen

Bauherren-Schutzbund e.V.
Brückenstraße 6
10179 Berlin
Telefon: 030/400339500
www.bsb-ev.de

BG BAU – Berufsgenossenschaft der Bauwirtschaft
Hildegardstraße 29/30
10715 Berlin
Telefon: 030/85781-0
www.bgbau.de

Berufsverband Deutscher Baubiologen VDB e.V.
Roggenkamp 21
21266 Jesteburg
Telefon: 04183/77 35 301
www.baubiologie.net

Bundesverband für Wohnungslüftung e. V. (VfW)
Unter den Linden 10
10117 Berlin
https://wohnungslueftung-ev.de

Bundesverband öffentlich bestellter und vereidigter sowie qualifizierter Sachverständiger e.V. (BVS)
Charlottenstraße 79/80
10117 Berlin
www.bvs-ev.de

Bundesverband Schimmelsanierung e.V.
BSS e.V. Geschäftsstelle
Marconistr. 23
40589 Düsseldorf
Telefon: 0800/2774444
www.bss-schimmelpilz.de

Deutsche Industrie- und Handelskammer (DIHK)
Breite Straße 29
D-10178 Berlin
https://svv.ihk.de
(Bundesweites IHK-Verzeichnis der öffentlich bestellten und vereidigten Sachverständigen)

Deutscher Holz- und Bautenschutzverband e.V.
Goethestraße 37
50858 Köln
Telefon: 02234/48455
www.dhbv.de

Fachverband Luftdichtheit im Bauwesen e. V. (FLiB)
Storkower Straße 158
10407 Berlin
https://flib-ev.de

Regionale Netzwerke Schimmelpilzberatung
www.umweltbundesamt.de/themen/gesundheit/umwelteinfluesse-auf-den-menschen/schimmel/netzwerk-schimmelpilzberatung

Deutscher Mieterbund e.V.
Littenstraße 10
10179 Berlin
Telefon: 030/223 23-0
www.mieterbund.de

Haus & Grund Deutschland
Zentralverband der Deutschen Haus-, Wohnungs- und Grundeigentümer e.V., Spitzenverband der privaten Wohnungswirtschaft
Telefon: 030/202 16-0
www.hausundgrund.de

Umweltbundesamt
Bürgerservice UBA Dessau-Roßlau
Wörlitzer Platz 1
06844 Dessau-Roßlau
buergerservice@uba.de
www.umweltbundesamt.de

Verband Privater Bauherren e.V.
Chausseestraße 8
10115 Berlin
Telefon: 030/27 89 01-0
www.vpb.de

Westdeutscher Handwerkskammertag (WHKT)
Volmerswerther Straße 79
40221 Düsseldorf
www.svd-handwerk.de
(Bundesweite Datenbank: Sachverständigen-NAVI des Handwerks)

Außerdem helfen Ihnen bei Ihren Anliegen rund um das Thema Schimmel **Energie- und Umweltberatungszentren** in Ihrer Nähe, **regionale Landesfachverbände der Handwerker** zum Beispiel Maler, Stuckateure, Schreiner, Zimmerleute, Sanitär, Heizung, Klima sowie Ihr örtliches **Gesundheitsamt** weiter.

Adressen der Verbraucherzentralen

Verbraucherzentrale Baden-Württemberg e. V.
Paulinenstraße 47
70178 Stuttgart
Telefon: 07 11/ 66 91-10
Fax: 07 11/66 91-50
www.verbraucherzentrale-bawue.de

Verbraucherzentrale Bayern e. V.
Mozartstraße 9
80336 München
Telefon: 0 89/5 52 79 4-0
Fax: 0 89/53 75 53
www.verbraucherzentrale-bayern.de

Verbraucherzentrale Berlin e. V.
Ordensmeisterstraße 15-16
12099 Berlin
Telefon: 0 30/2 14 85-0
Fax: 0 30/2 11 72 01
www.verbraucherzentrale-berlin.de

Verbraucherzentrale Brandenburg e. V.
Babelsberger Straße 12
14473 Potsdam
Telefon: 03 31/2 98 71-0
Fax: 03 31/2 98 71-77
www.verbraucherzentrale-brandenburg.de

Verbraucherzentrale Bremen e. V.
Altenweg 4
28195 Bremen
Telefon: 04 21/1 60 77-7
Fax: 04 21/1 60 77 80
www.verbraucherzentrale-bremen.de

Verbraucherzentrale Hamburg e. V.
Kirchenallee 22
20099 Hamburg
Telefon: 0 40/2 48 32-0
Fax: 0 40/2 48 32-290
www.vzhh.de

Verbraucherzentrale Hessen e. V.
Große Friedberger Straße 13–17
60313 Frankfurt/Main
Telefon: 0 69/97 20 10-900
Fax: 0 69/97 20 10-40
www.verbraucherzentrale-hessen.de

Verbraucherzentrale Mecklenburg-Vorpommern e. V.
Strandstraße 98
18055 Rostock
Telefon: 03 81/2 08 70-50
Fax: 03 81/2 08 70-30
www.verbraucherzentrale-mv.eu

Verbraucherzentrale Niedersachsen e. V.
Herrenstraße 14
30159 Hannover
Telefon: 05 11/9 11 96-0
Fax: 05 11/9 11 96-10
www.verbraucherzentrale-niedersachsen.de

Verbraucherzentrale Nordrhein-Westfalen e. V.
Mintropstraße 27
40215 Düsseldorf
Telefon: 02 11/38 09-0
Fax: 02 11/38 09-216
www.verbraucherzentrale.nrw

Verbraucherzentrale Rheinland-Pfalz e. V.
Seppel-Glückert-Passage 10
55116 Mainz
Telefon: 0 61 31/28 48-0
Fax: 0 61 31/28 48-66
www.verbraucherzentrale-rlp.de

Verbraucherzentrale Saarland e. V.
Trierer Straße 22
66111 Saarbrücken
Telefon: 06 81/5 00 89-0
Fax: 06 81/5 00 89-22
www.verbraucherzentrale-saarland.de

Verbraucherzentrale Sachsen e. V.
Katharinenstraße 17
04109 Leipzig
Telefon: 0341/69 62 90
Fax: 03 41/6 89 28 26
www.verbraucherzentrale-sachsen.de

Verbraucherzentrale Sachsen-Anhalt e. V.
Steinbockgasse 1
06108 Halle
Telefon: 03 45/2 98 03-29
Fax: 03 45/2 98 03-26
www.verbraucherzentrale-sachsen-anhalt.de

Verbraucherzentrale Schleswig-Holstein e. V.
Hopfenstr. 29
24103 Kiel
Telefon: 04 31/5 90 99-0
Fax: 04 31/5 90 99-77
www.verbraucherzentrale.sh

Verbraucherzentrale Thüringen e. V.
Eugen-Richter-Straße 45
99085 Erfurt
Telefon: 03 61/5 55 14-0
Fax: 03 61/5 55 14-40
www.vzth.de

Verbraucherzentrale Bundesverband e. V.
Rudi-Dutschke-Str. 17
10969 Berlin
Telefon: 0 30/2 58 00-0
Fax: 0 30/2 58 00-518
www.vzbv.de

Stichwortverzeichnis

S

T

U

V

W

Bildnachweis

Schimmelpilze und Schimmel: Die wichtigsten Merkmale
Abb. 1–4: Thomas Gabrio, Stuttgart
Abb. 5: Dr. Trautmann, Umweltmykologie GmbH, Berlin

Voraussetzungen für das Wachstum von Schimmelpilzen
Abb. 1: Thomas Gabrio, Stuttgart
Abb. 2: Dagmar Herrmann, Bad Honnef

Typische Ursachen für einen Feuchte-/Schimmelschaden
Abb. 1, 6–7: Verbraucherzentrale NRW, Düsseldorf
Abb. 2, 5, 15: Horst Lünser, Berlin
Abb. 3–4, 8, 10–14, 16–17, 19–25: Robert Kussauer, Leutkirch
Abb. 9: Thomas Gabrio, Stuttgart
Abb. 18: Thomas Gabrio, Stuttgart

Methoden zur Untersuchung eines Feuchte-/Schimmelschadens
Abb. 1-2: Robert Kussauer, Leutkirch
Abb. 3-4: Thomas Gabrio, Stuttgart
Abb. 5: Dr. Trautmann, Umweltmykologie GmbH, Berlin

Was tun bei einem Feuchte-/ Schimmelschaden?
Abb. 1–2: Robert Kussauer, Leutkirch
Abb. 3: Thomas Gabrio, Stuttgart

Feuchtigkeit und Schimmel aus rechtlicher Sicht
Abb. 1: Thomas Gabrio, Stuttgart
Abb. 2: Verbraucherzentrale NRW, Düsseldorf

Schimmelbefall vermeiden
Abb. 1–3: Robert Kussauer, Leutkirch

Weitere Abbildungen

shutterstock
Seite 6: Burdun Iliya
Seite 14: ggw
Seite 4, 24: DimaBerlin
Seite 30: Ireshetnikov54
Seite 32: Ground Picture
Seite 48: PPC Photography Cologne
Seite 54: Burdun Iliya
Seite 4, 60: Gorloff-KV
Seite 68: Sergey Nivens
Seite 96: Agenturfotografin
Seite 5, 126: Stokkete
Seite 5, 152: stockcreations
Seite 5, 196: Deliris
Seite 210: Hassel Stock

Seite 78: Robert Kussauer, Leutkirch

Umschlagfoto
istockphoto / Vitalii Karas

1. Auflage, August 2023

ISBN 978-3-86336-178-5

Dieses Buch wurde auf Recyclingpapier aus 100 Prozent Altpapier gedruckt. Druck und Weiterverarbeitung erfolgen in Deutschland. So schonen wir Ressourcen und begrenzen die CO_2-Emissionen durch kurze Transportwege.

Impressum

Herausgeber
Verbraucherzentrale Nordrhein-Westfalen e.V.
Mintropstraße 27, 40215 Düsseldorf
Telefon 02 11/38 09–555
ratgeber@verbraucherzentrale.nrw
www.verbraucherzentrale.nrw

Autorinnen und Autoren
Sandra Donadio, Dr. Thomas Gabrio, Robert Kussauer, Patrick Lerch, Prof. Dr. Gerhard A. Wiesmüller

Koordination
Frank Wolsiffer

Lektorat
Friederike Krickel, Köln
www.autorenservice-krickel.de

Fachliche Beratung
Dr. Kerstin Effers, Rita Maria Jünnemann

Layout und Satz
Dagmar Herrmann, two-up, Bad Honnef
www.two-up.de

Umschlaggestaltung
Ute Lübbeke, Köln
www.LNT-design.de

XML-Layoutsatz
pagina GmbH, Tübingen
www.pagina.gmbh

Druck
AZ Druck und Datentechnik GmbH, Kempten

Redaktionsschluss: Juli 2023

Konzepte für ein Haus der Zukunft

Wer klimafreundlich baut oder saniert, schont die Umwelt und profitiert auf lange Sicht von vielen Vorteilen: weniger Energieverbrauch, geringere Abhängigkeit von Energieversorgern und Preisschwankungen, gesünderes Wohnen, geringere Instandhaltungskosten.

Der Ratgeber zeigt den Weg dorthin und fächert die Möglichkeiten auf, die sich für die eigene Immobilie bieten – sowohl für den Neubau als auch für die Sanierung eines bestehenden Gebäudes.

Klimafreundlich bauen und sanieren
Nachhaltige Bauweisen und Techniken für mein Haus

240 Seiten | vierfarbig | Hardcover
ISBN 978-3-86336-168-6 | 34,- Euro
Auch als E-Book erhältlich
www.ratgeber-verbraucherzentrale.nrw

verbraucherzentrale